セックスが本当に気持ち良くなるLOVEもみ

愛撫按摩指南

增加親密度和性慾的祕訣，
讓你擁有美好性愛！

OliviA 著
劉又菘 譯

晨星出版

你現在是用什麼樣的心情在讀手中的這本書？

初次見面，我是ＯｌｉｖｉＡ。我的職業是性生活顧問。我在大學時期開始進行性方面的研究，畢業後進入了放鬆按摩的行業，以探索「性」這種親密接觸。在這個過程之中，我了解到從嬰兒按摩到長青族的觸摸療法，有許多不同的「觸摸」治療方法；也了解到親密接觸所帶來的良好成效。

但另一方面，我發現「性」被歸類為成人內容，很難認真討論，親密接觸的品質也被忽視。雖然網路上充斥著性相關資訊，但現實中，性話題仍然很封閉，來找我諮詢的人常說「無法向任何人諮詢，只能一直獨自困擾著」。在諮詢中，我最常見的諮詢是「性冷感」的困擾。

我在二〇一〇年剛開始執業的時候，雖然收到很多來自中高年族群的諮詢，但逐年已有年輕化的趨勢了，論及婚嫁的情侶和想要懷孕的新婚夫妻也會有性生活的煩惱。

ＬＯＶＥ按摩結合性知識與養生領域的技術，研發出一種解決性冷感，深化雙方羈絆的親密互動和交流方式。「ＬＯＶＥ按摩課程」已經透過學員的推薦在社交媒體上廣為流傳，並且在各大媒體中多次被介紹，吸引了來自全國各地的學員。這本書會介紹我在課程和諮詢中所提供的建議內容。

我努力讓這些技巧可以盡可能容易被理解。透過ＬＯＶＥ按摩，我希望你能親身體驗到性愛給予我們的活力、安心感、自由，以及成為生活喜悅的一部分。請務必與你的伴侶一同閱讀並嘗試！

ontents

Lesson1　ＬＯＶＥ按摩的基本動作　33

Lesson2　ＬＯＶＥ按摩的舒緩技巧　47

ontents

Lesson3　LOVE按摩的按摩油　65

Lesson4　LOVE按摩的按摩粉　81

Lesson5　LOVE按摩的感官按摩　95

難以啓齒的性愛冷知識　105

在相互愛撫之前
必須知道的事

相互愛撫的重點

相互愛撫＝不僅僅是性交

當下閱讀這本書的你們，可能大多數都正因為與伴侶的性生活存在問題而感到困擾，或者可能心懷著想提升性生活品質、擁有更多情趣的心態和好奇心吧。其實向我諮詢的人們大多也是抱持著一樣的想法而來，因此我也重新認知到與自己所愛之人做愛是一件多麼重要的事情。然而，透過聆聽人們的故事，也發現許多人可能忽略了在做愛之前更重要的事情。

能做好交流，就能做好愛？

請試著想像一下。只是當成例行公事般毫無互動的性愛和雙眼對望，或是互相傳達彼此心意，並配合對方接吻及探索彼此敏感帶的性愛……。我想絕大多數的人都會選擇後者吧？兩者之間的差別正是在於交流。凝視對方的眼睛、打招呼、表達感謝之情等，像這樣日常的交流才是情感交流的基石。在日常生活中不能實現的事情，更遑論能在性愛中實現了。讓我們一起重新檢視一下你們之間的交流。

你會和你的伴侶相互愛撫嗎？

如前所述，相互愛撫的基石就是在交流。只是，有時就算自己有意識到這個道理，也會因為當天的情緒而無法好好地與伴侶交流。因此，也許交流本身就絕非理所當然可以做到的事情吧。正因為如此，許多人在性生活上會開始出問題，例如缺乏交流、缺乏親密接觸等各種形式的冷感出現，也就可想而知了。

那麼，又該如何改善才會好轉呢？我認為確實可以透過一些方法來改善，而「按摩」肯定是相對比較有效的方法。由於現代人身邊充斥著許多科技設備，每天忙於家務和工作，因而感受到心靈和身體的疲憊。走在城市中，許多人可能也注意到，最近按摩店數量急遽增加，這顯示了對緩解壓力和疲勞的需求正在上升。而且，我相信在各位之中有些人也有過被按摩的經驗。換句話說，雖然各位可能對於性行為或進行相關的對話會有所抗拒，但對於按摩的抗拒感似乎沒有那麼強烈。

當然，有些人可能沒有與伴侶進行與性相關的對話，也沒有觸碰過伴侶的身體。然而，你現在正在閱讀這本書，這證明了你的內心或多或少地希望產生一些變化。如果你也這麼想的話，那就請勇敢邁出第一步，試著用「我想幫你按摩」這樣的開場白來嘗試看看。如果對你來說有困難，那麼不妨先從重新檢視日常的交流開始嘗試，例如看著對方的雙眼問候對方。

LOVE按摩流的

「親密度的12個步驟」

德茲蒙德．莫里斯博士（Desmond Morris）是一位英國動物行為學家，他從「身體觸碰」的角度分析了人類各種愛的行為，並將其整理成了名為「LOVE按摩」的作品。

1 眼注視著身體

讓我們仔細觀察對方的舉止和表情，學著注意到微小的變化。

2 眼注視著眼

把視線從手機或電腦移開，試著凝視著對方的雙眼，給他一個微笑吧。

3 聲音的交流

讓我們珍惜早晚的噓寒問暖，並空出一個時間談談彼此的一天。

4 手與手的交流

手是最一開始會發生的親密接觸。這會拉近彼此的距離。當然，牽手是一種方式，搭著手臂也是OK的。

5 手臂碰觸肩膀

在LOVE按摩裡也有針對肩部的舒緩按摩。試著在週末的夜晚幫彼此按摩吧。

6 手臂碰觸腰部

不僅僅是面對面坐著，有時可以坐在旁邊，輕輕磨蹭著腰部，或者用手貼著腰給予對方溫暖。

7 嘴對嘴的交流

從蜻蜓點水的問候之吻到充滿愛意的熱吻，試試各式各樣的親吻，包括突如其來的一吻。

8 用手撫摸著頭

頭部布滿著許多穴位。光是輕輕拍打或撫摸，就足以產生舒緩的效果。

9 用手撫摸著身體

輕輕地以手磨蹭也是一種很棒的愛撫。慢慢且溫柔地觸摸對方的身體吧。

10 親吻胸部

應該有許多人的胸部就是敏感帶。如果你們已達到了這種親密的關係時，要求對方具體親吻胸部也是OK的。

11 用手撫摸著生殖器

前戲是性愛中的高潮瞬間。不要忘記給予對方體貼和關懷，細心而溫柔地觸摸。

12 性交

在前11個步驟的過程中，彼此的情感和興奮達到了高峰。讓我們的愛意加深到極致。

這12個步驟的重要性

如前面所介紹，性愛的過程到性交前有11個步驟，直到性交的第12步。正如你注意到的，每一個步驟都有其意義，並發揮著重要的角色。換句話說，如果僅將插入視為性愛，那根本是大錯特錯。從第1到第12的每一個步驟都是性愛的一部分。同時，所有的步驟也是交流的一部分，而且每天持之以恆地做就變得非常重要。

因此，閱讀本書的你可能處於這個過程的某一個步驟。在LOVE按摩中，我們將這12個步驟大致分為三個主要階段，即「低」親密度、「中」親密度和「高」親密度，接下來的章節中我們將根據不同的階段提供相互對應的建議，請務必詳讀。

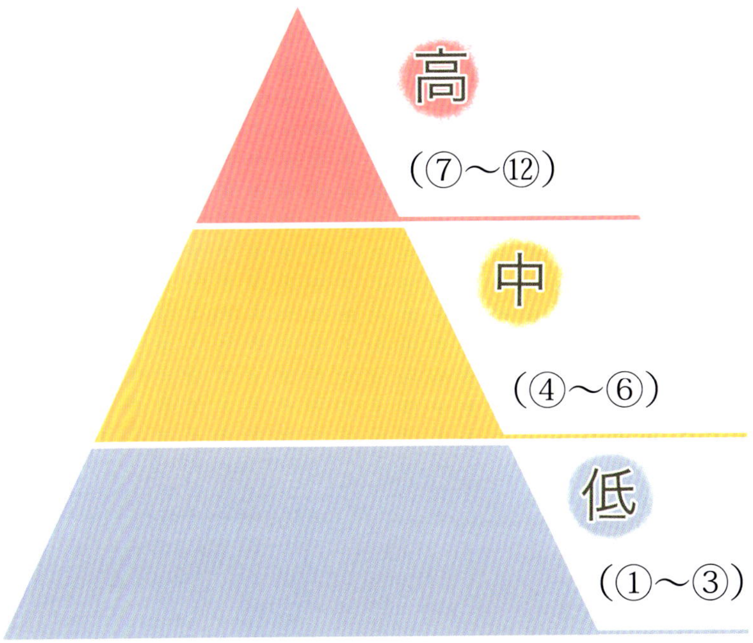

高
（⑦～⑫）
中
（④～⑥）
低
（①～③）

「低」親密度的你（①～③）

每天都有對話交流，但卻沒有身體接觸的情況大致可以歸咎於以下兩種情況。一種是剛開始交往的情侶。在這種情況下，請以「高」親密度為目標，珍惜當下與伴侶的互動，並朝著更深層次的愛努力邁進。另一種則是已經交往多年的情況。

每天都在一起生活，對方的身影會一直出現在視線之中，聲音縈繞於耳邊，你們會有最基本的對話交談……但卻處於缺乏親密接觸的狀態。

由於突如其來的碰觸或性行為可能被你們認為是一個高難度的門檻，因此，先請嘗試通過日常交流，如目光交流、問候、道謝等開始改善吧。

「中」親密度的你（④～⑥）

這裡指的是有對話交流，也有牽手等身體接觸，但卻沒有接吻或性行為的情況。雖然會一起外出，每天也一起共度開心的時光，但總感覺稍嫌不足。

對於這樣的情況，我很推薦LOVE按摩。在一天結束時，試著說一聲「我來幫你按摩吧」。一開始只需要普通的按摩就好，隨著時間的推移，對方的感激之情會萌發，透過互相給予與付出，或許對方也會想反過來幫你按摩，這個關係像是一步一步地慢慢提升，不要躁進，請試著感受這個漸進的過程。

「高」親密度的你（⑦～⑫）

在這個階段，你們每天已經能保有良好的交流，現在可以朝著更令人滿足的性愛邁進了。然而，性愛並不僅僅是插入而已。在交流上發揮創意也是一個重要的改變。例如，嘗試各式各樣的吻，包括輕吻、突如其來的吻，甚至是在額頭或頭部的吻，看看會有什麼樣的感覺。

此外，在LOVE按摩中，我們還會介紹使用按摩油或按摩粉的按摩法，以及利用各種工具體驗不同感覺，這也是一種探險心態，試著在性愛中嘗試一些不同的事物。

幸福荷爾蒙「催產素」是什麼

催產素被稱為「愛情荷爾蒙」、「幸福荷爾蒙」、「交織荷爾蒙」等，雖然仍是還未完全被闡明的荷爾蒙，但它被認為具有令人興奮的效果。其中，頗具代表性的情境為母子關係，例如在分娩或哺乳時催產素會被分泌，導致母親對孩子的愛加深，孩子同樣也會對母親的愛更深，形成連鎖效應。

近年來，除了母子關係外，也發現在與喜歡的人牽手、親吻等行為中也能分泌催產素，因此也被稱為愛情荷爾蒙。催產素的具體作用和效果包括抑制壓力來臨時所分泌的荷爾蒙、優化與睡眠品質相關的副交感神經等，對我們的健康和幸福感有著重要作用。

那麼，為了分泌催產素，具體應該採取什麼行動呢？正如上文所提到的，答案是「親密接觸」。不過，根據實驗數據，盲目地胡亂觸摸或在過去幾乎沒有親密接觸的情況下躁進嘗試親密接觸，反而可能使催產素的分泌更低。因此，每一天都做到對於伴侶相互信任、感激和尊重等是非常重要的，如此才能在進行親密接觸時促使催產素的分泌。請不妨趁機了解一下，與伴侶一起搜尋催產素的相關資訊，嘗試一些能促使分泌的行為，看看是否能夠有所改善。

在開始LOVE按摩之前

基本觸摸法3種

在LOVE按摩中，最為重要的是「觸摸」。透過掌握以下三種觸摸方式，你可以拉近與對方的距離，獲得更舒服的感受。

1 軟著陸觸摸（Soft landing）

2 密著式觸摸（Airless touch）

3 感官觸摸（Sensual touch）

重要 觸摸時的 4 大重點

以每秒約5公分的速度慢慢進行（這是促進催產素分泌的適切速度）

先溫熱自己的雙手再去觸摸

回想對對方的愛和感激之情

在接觸皮膚時，要特別謹慎溫柔，並在分開時也同樣小心翼翼。

軟著陸觸摸

當觸碰對方時，保持對伴侶的尊重，
並在觸碰後與對方的呼吸一致，
意識到彼此的界限漸漸淡化。

1

將手懸空在離皮膚大約2至3公分的地方，去感受對方的溫度。

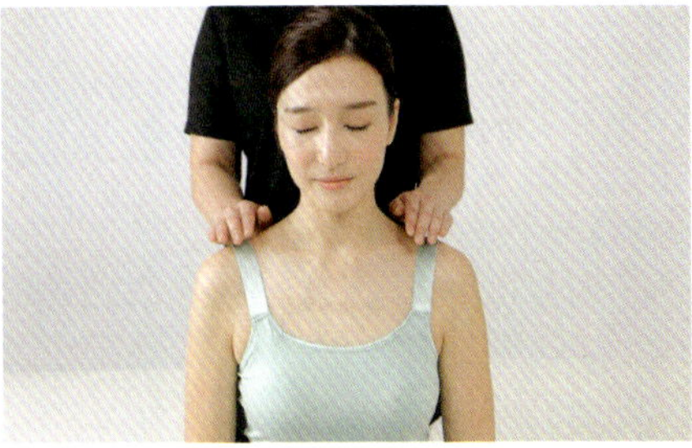

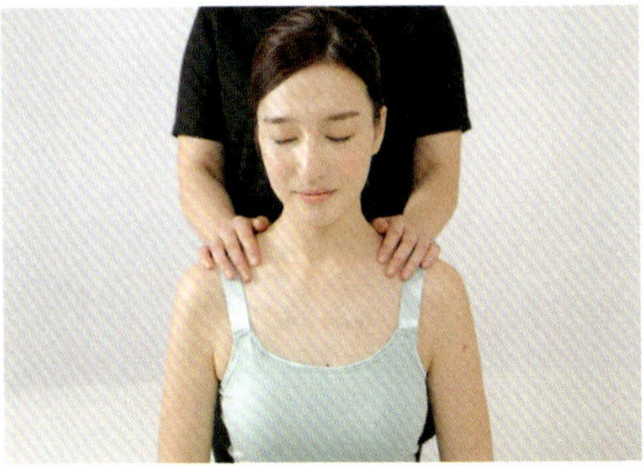

2

想像軟著陸的畫面溫柔觸摸。此時，手不用急著移動，而是要有一種與對方的身體合而為一的意識。

3

專注在以手去感受對方的呼吸節奏。

具放鬆效果的

基本
觸摸

2 密著式觸摸

愉悅感始於放鬆。

請意識到，要讓自己和對方的心靈與身體相互協調交融。

1

將手懸空在離皮膚大約2至3公分的地方，去感受對方的溫度。

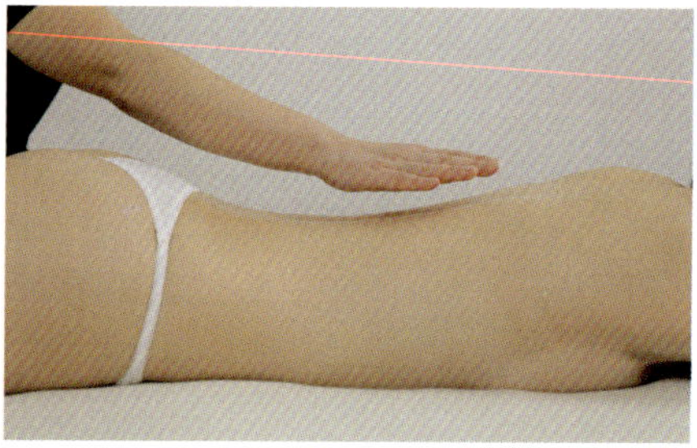

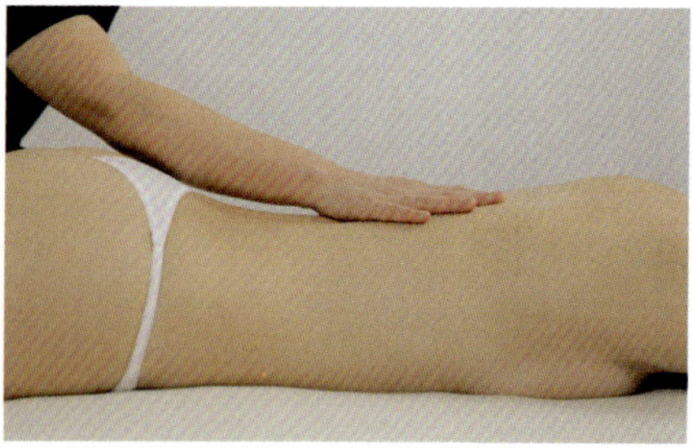

2

在手和皮膚之間留有一些空氣，輕柔地將手輕放上去。

3

將手掌貼緊在皮膚上，輕輕撫摸。

催產素（Oxytocin）

每秒約5公分

在手離開對方的皮膚時，也要注意輕柔以待，讓對方感受到你殘留的溫柔。

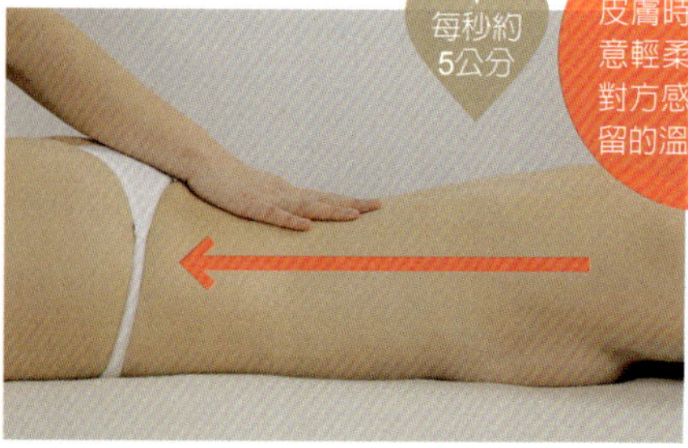

散發性感的

基本觸摸 3

感官觸摸

「感官觸摸」指的是像用羽毛筆輕輕滑過皮膚一樣輕柔地觸摸。用指尖輕輕劃過皮膚表面的細毛，慢慢地觸摸。

1

將手懸空在離皮膚大約2至3公分的地方，去感受對方的溫度。

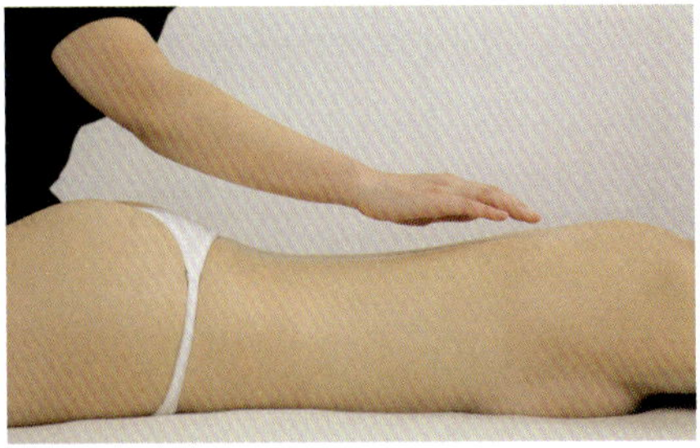

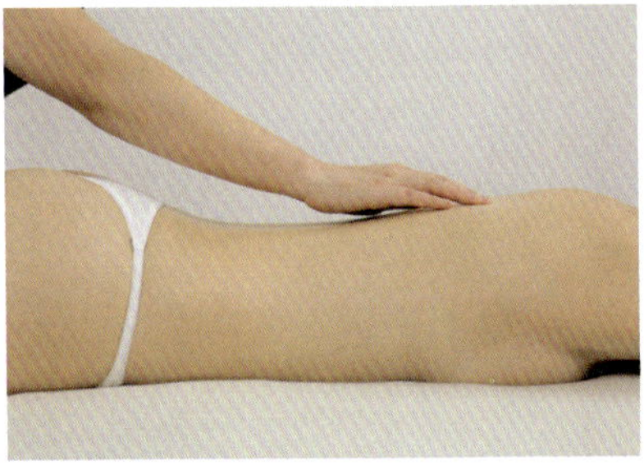

2

將手指的指腹輕輕置於快碰到但又沒碰到皮膚的位置。

3

像劃過皮膚上的細毛一樣，輕柔地撫摸。

催產素（Oxytocin）

每秒約5公分

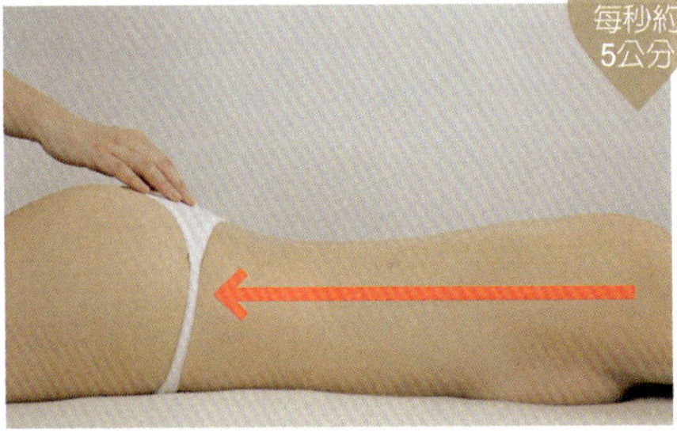

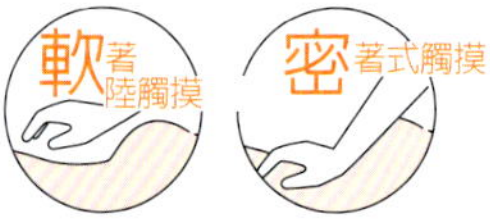

自我觸摸①

讓我們用自己的手臂來練習密著式觸摸。請有意識地去感受其中的溫度和接觸皮膚的感覺。

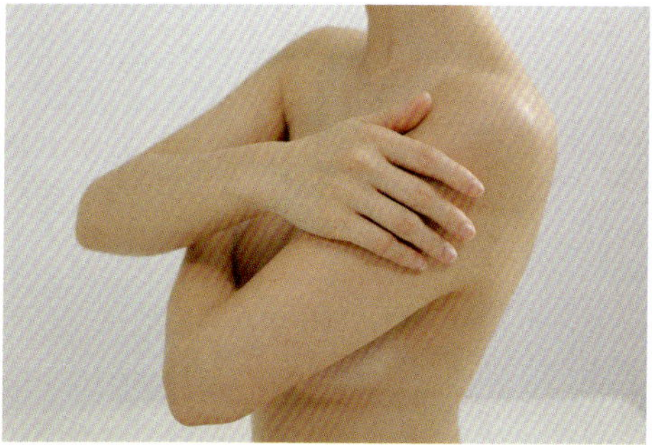

Step 1

將手掌輕柔地包覆在肩膀上，進行密著式觸摸。

Step 2

保持這個姿勢，然後輕輕地由肩膀一直撫摸到手肘。

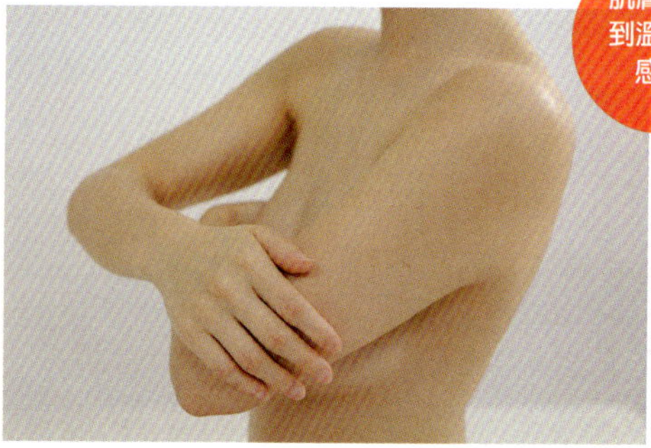

POINT 肌膚感受到溫暖的感覺

自我觸摸❷

接下來是感官觸摸的練習。集中注意力於指尖，學習並熟悉能感受到快觸及但又未觸及之間的極限感覺。

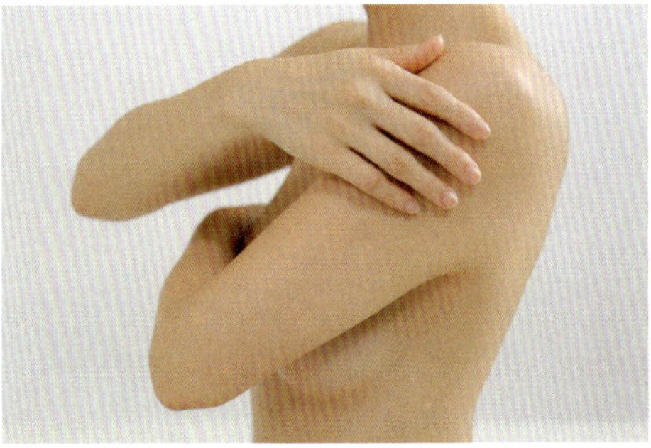

Step 1

以指尖在肩膀進行感官觸摸。

Step 2

像是劃著皮膚細毛一樣，輕輕地由肩膀一直撫摸到手肘。

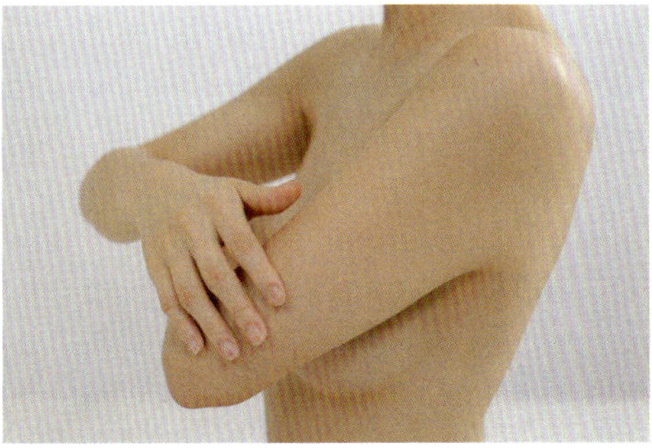

開始進行LOVE按摩之前的「準備」

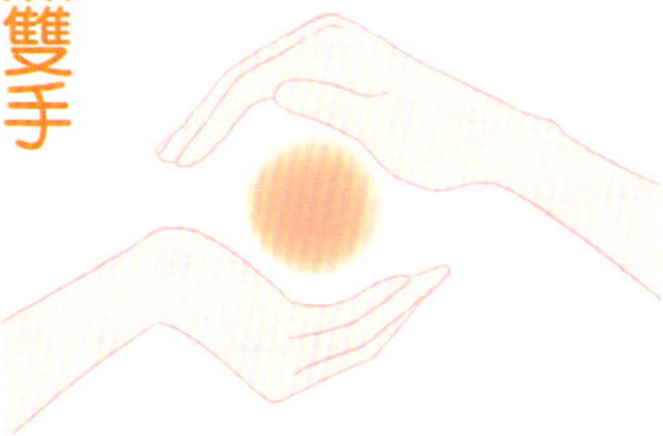

溫熱雙手

人們因為感受到溫暖而安心。請用溫水洗手，並檢查指甲是否修剪整齊。使用冰冷的雙手觸摸會減弱按摩的效果，切記不要忘記這一點！

調暗房間的燈光

雖然每個人的感受各有不同，有些人喜歡明亮，有些人則可能會因為燈光明亮而感到害羞，因此，可以將房間的燈光設定為較昏暗的狀態。

手機關機

這在電視劇中也經常看到，正處於一個美好的氣氛中，此時手機卻響了……。在和伴侶共度重要時光時，請忘記手機的存在吧！

調整房間的溫度

房間的溫度跟手一樣都應該要保持溫暖。不僅是在冬天，夏天的空調也要注意溫度調節。如果有感受到溫度差異，就一起找出兩人都舒適的溫度吧。

Lesson1

LOVE按摩的
基本動作

3步驟／做3次

問候（肩～手臂）

LOVE按摩非常重視觸摸的開始和結束。除了透過言語和態度之外，也能用手的接觸來傳達表達感激之情和愛意，並且讓雙方產生互相珍惜的感受。

Step 1

在跟對方說：「我要摸囉」或「要開始囉」之後，輕柔地降臨在肩膀上。

Step 2

手不要突然移動，要確實感受對方的溫度和呼吸。

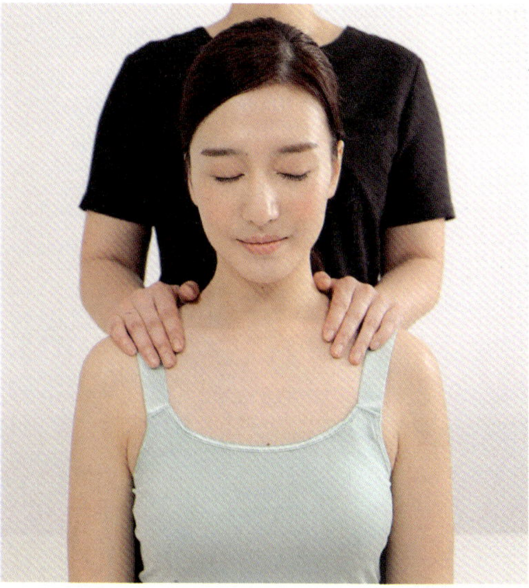

Step 3

配合對方的呼氣，輕柔地由肩膀滑過到手肘。

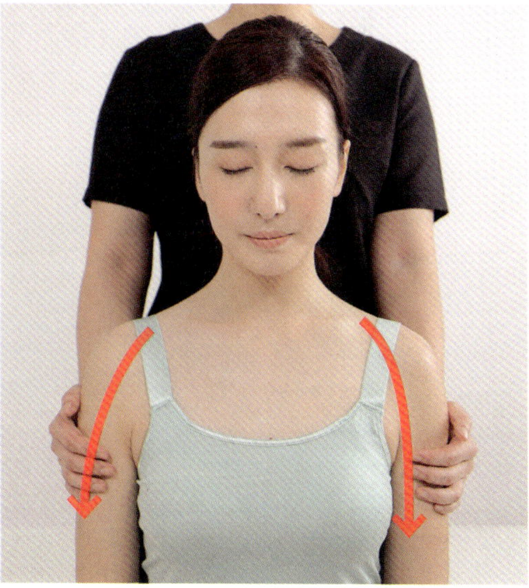

軟著陸觸摸　密著式觸摸　做 3 組

第一步（Opening）

最一開始的觸摸。首先，著重於放鬆，去感受互相觸摸的愉悅。

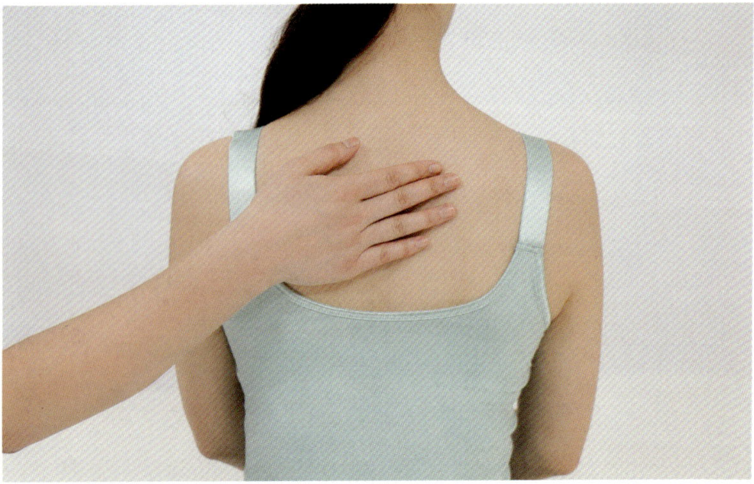

Step 1

將手和皮膚之間留有一些空氣，輕柔地將手輕放在頸部的根部。

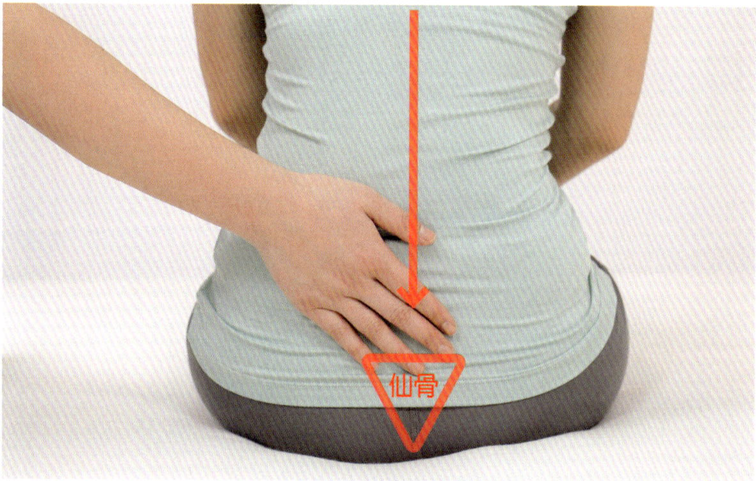

Step

由脊椎滑過至骶骨（在臀部縫隙上方的骨頭），輕柔地撫摸，然後輕柔地將手拿開，殘留溫柔的尾韻。

重點　撫摸的方向不同會有不同的效果

由上往下撫摸（白色指標）有助於冷靜情緒。而由下往上撫摸（紅色指標）則有助於提振情緒。

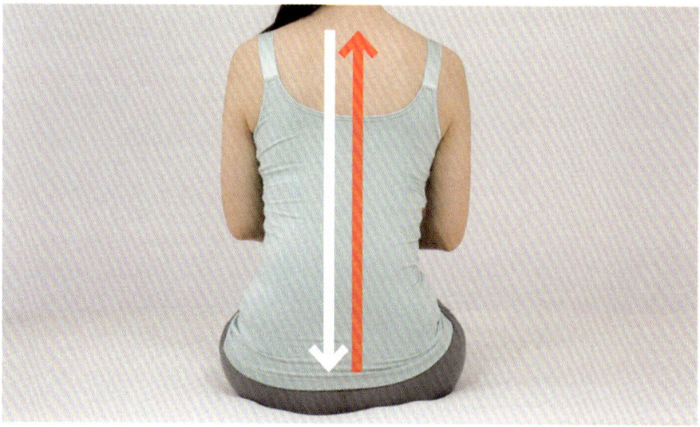

做 3 組

上半身的探尋

讓對方仰臥，以一種彷彿在探尋著疲勞和緊張的方式用手掌撫過他們的身體。請注意，不要讓手掌下的重量太重。

Step 1

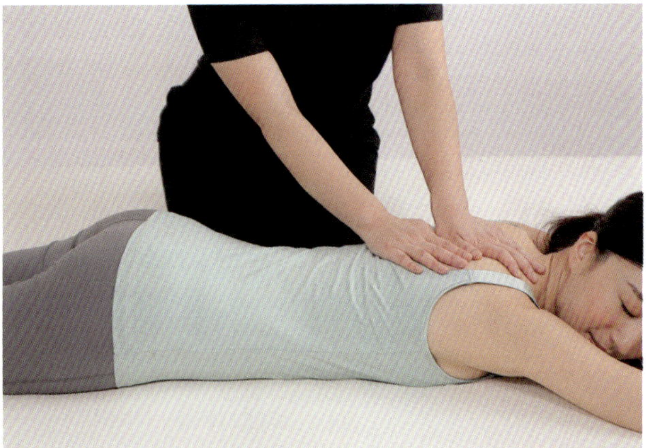

對頸部的根部進行軟著陸觸摸。

Step 2

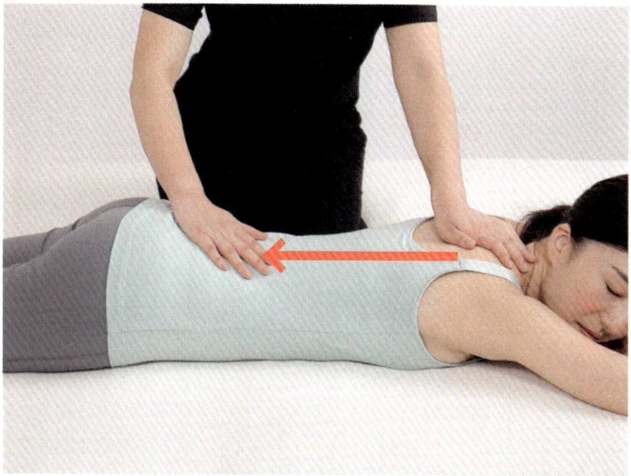

以密著式觸摸法沿著脊椎撫摸到腰部。

Step 3

POINT
用手掌的溫熱
使骶骨逐漸溫
暖起來。

摸到骶骨處時改變手的方向，撫摸到臀部的位置。

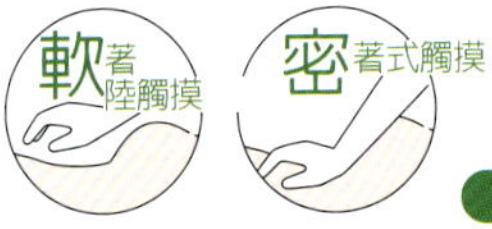

左右各做3組

下半身的探尋

在上半身放鬆後，接著著重於下半身。仔細地撫摸到腳尖，對方會實際感受到被「呵護」的感覺。

Step 1

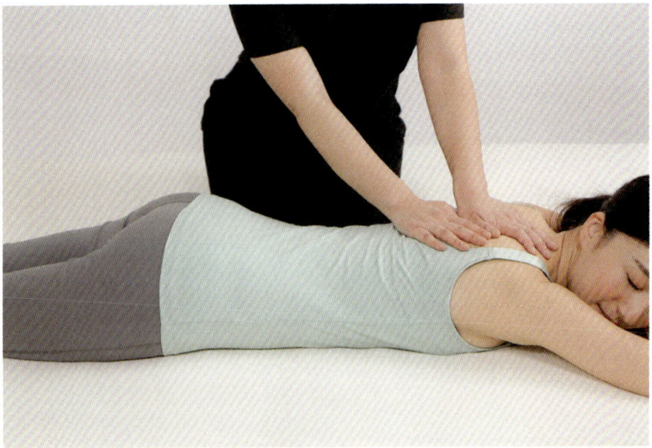

對其中一側的肩膀進行軟著陸觸摸。

Step

以密著式觸摸的方式，用一筆寫完一個字的樣子來輕柔地撫摸到臀部。

Step

進一步將手的動作連續地一直撫摸到腳底的指尖。左右兩側交替進行相同的步驟。

軟著陸觸摸

輕柔地環抱

完成全身的按摩後，透過擁抱讓兩顆心更加靠近。以柔和包覆的形象來獲得愉悅。

Step 1

拉近彼此的距離到可以感受到彼此身體的熱氣。

Step 2

將對方拉近自己，以軟著陸觸摸的概念讓彼此身體的表面可以輕貼在一起。

Step 3

進一步緊貼擁抱著，以獲得愉悅的感覺。

感官觸摸

畫圓動作／3 圈

直線動作／3 次

擁抱&觸摸

在擁抱對方的同時，進行背部的感官觸摸。請細心觀察對方的呼吸和雞皮疙瘩出現的瞬間等微小的變化。

Step 1

以感官觸摸的方式，順時針進行撫摸肩胛骨的輪廓。

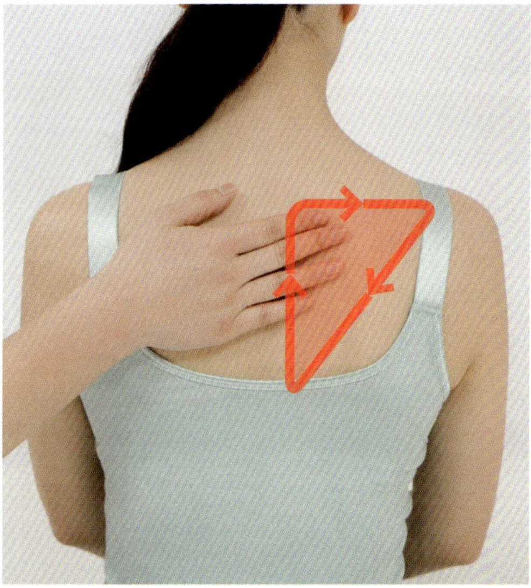

Step

使用感官觸摸，以畫圓的方式撫摸腰部和骶骨附近，或者在骶骨上下輕輕滑動。

重點 手的動作

輕輕劃過左右兩側的肩胛骨輪廓，從腰部到臀部以畫圓的方式撫摸。撫摸骶骨時，上下輕輕滑動，可以感受到一種興奮的快感，可能會讓皮膚起雞皮疙瘩。

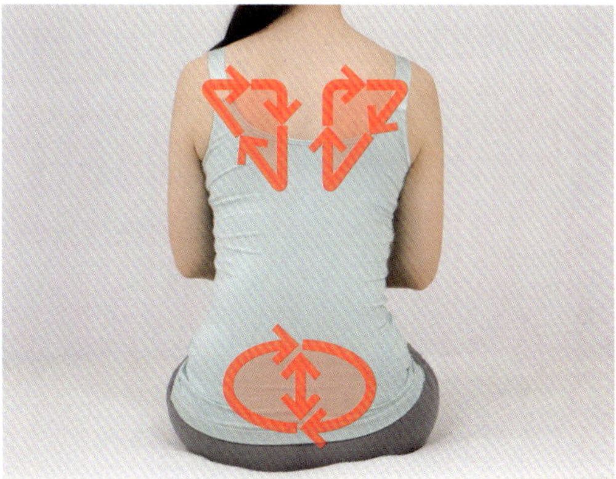

從失智症的安寧緩和醫療學到

何謂真正的交流

各位有聽過「人性照護法（Humanitude）」這個詞嗎？我是因為家人患上失智症開始學習失智症的安寧緩和醫療，於是了解到這種源自法國的失智症安寧緩和醫療方法。

簡單來說，「人性照護法」是一種回歸以人為本，並以極致柔和的技巧進行交流的方式。基本的交流步驟包括「注視」、「說話」、「觸摸」這三個步驟。

「注視」是進入對方視野，以親密的眼神在同樣的視線高度上進行觀察。

「說話」則是像現場直播一樣，慢慢地進行輕聲交談。

「觸摸」是在輕聲悄悄的呼喚中，輕柔地觸摸對方。

每一個步驟都有深刻的意義和原因，讓我學到了尊重人的尊嚴並以悉心的方式相處的重要性。

人性照護法所提倡的理念與「LOVE按摩」其實有一些共同之處。不論是回憶與嬰兒或愛人相處的時光，還是探訪生病的人時，你是否回想起那份溫暖與愛意，以及對方的關懷之心呢？「注視」、「說話」、「觸摸」這些看似理所當然的行為，有時可能被我們所疏忽了，但只需改變一下自己溝通的態度，對方的態度就彷彿會像是被施了魔法一樣也會變得溫柔起來了。

Lesson2

LOVE按摩的
舒緩技巧

準備 開始進行LOVE按摩的舒緩技巧前

毛巾

在這次的按摩放鬆過程中，請為接受LOVE按摩的人準備一些不同大小的毛巾，以確保他們能夠獲得放鬆，並且避免身體感到寒冷。這些毛巾可以是大型浴巾（也可以使用毛毯）；也可以是在仰臥時進行頭部按摩時作為眼罩的小毛巾。

香氛噴霧

要準備的物品

- 2滴伊蘭伊蘭精油
- 2滴薰衣草精油
- 2滴迷迭香精油
- 甘油5毫升
- 蒸餾水45毫升
- 噴霧瓶50毫升

製作方法

① 將1杯（5毫升）的甘油加入噴霧瓶中，再分別加入每種精油各2滴充分混合。接著，加入45毫升的蒸餾水，充分搖晃混合即完成。

② 將噴霧噴灑在頭皮上，進行頭部按摩。

※注意：請使用天然精油而非合成香料。

在頭部按摩中，我們建議使用香氛噴霧。這的確是一個讓你更放鬆的方法，你可以選擇喜歡的香味。

近年來，越來越多的人開始自製這種噴霧，而且製作過程非常簡單。透過添加對頭髮有益的精油，或者具有頭皮護理效果的精油，也有助於頭髮護理。

本頁上方是推薦的噴霧配方，你也可以嘗試製作看看！

膝枕

膝枕具有極佳的療癒效果，也能讓人感到安心。為了避免頭部不適，可以進行一些調整，例如把腳橫向放置等，透過交談一起尋找適合的高度，讓你們都能享受其中。

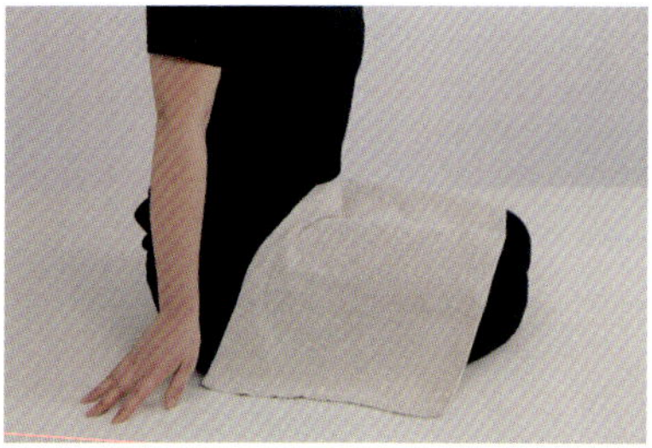

Step 1

採用膝枕的體勢。由於對方的頭髮質地和長度不同，可能會有毛髮刺癢的情況，因此像圖片中一樣放置毛巾也是可以的。

Step 2

把對方的頭部置於腿上。

POINT

為了讓對方更放鬆，使用毛巾蒙住眼睛會更好！

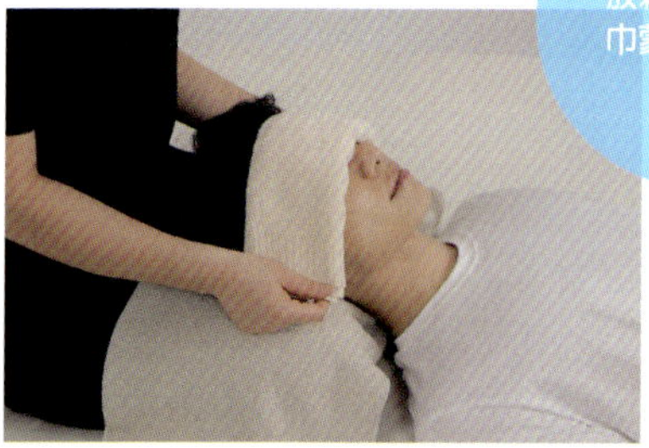

高麗菜捲式按摩、撫摸

在現代人的日常生活中電子設備變得普遍，使人的頭腦一直處於繁忙的狀態。由於人們經常感到煩躁，思考的事情也很多，因此讓我們放鬆一下頭部吧。

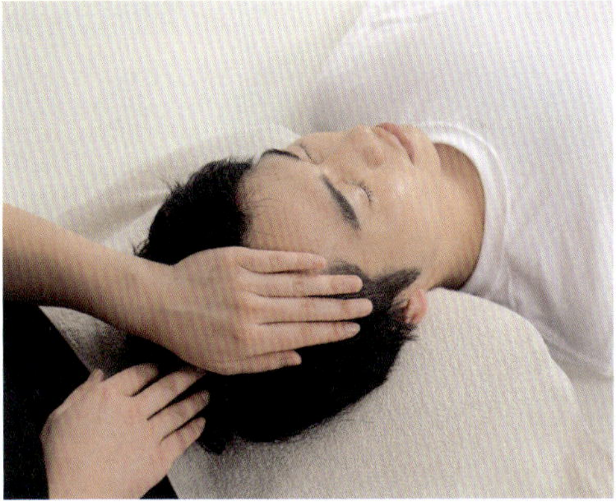

Step 1 手掌輕輕放在髮際線上。

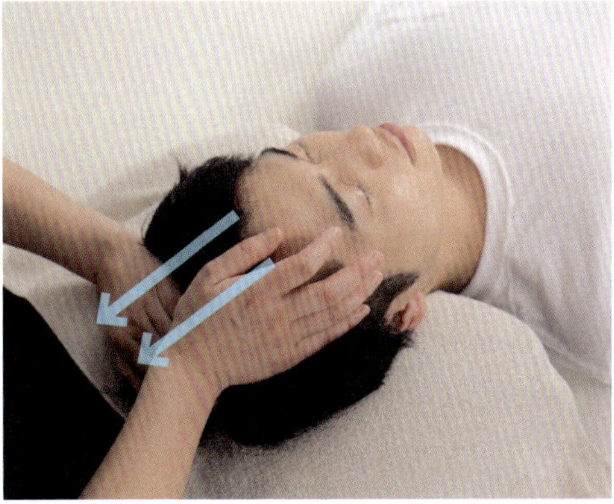

Step 2 手掌輕輕地從髮際線開始，左右交替地沿著頭頂的方向輕拍。

彈豎琴式按摩

用指腹稍微用力按摩頭皮，這樣可以提供爽快感，促進淋巴流動，同時緩解臉部浮腫。

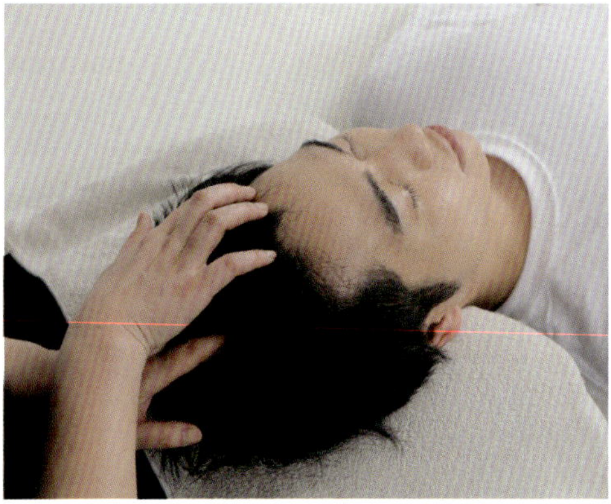

Step 1 將手掌呈拱形，將指尖輕輕放在髮際線上。

POINT 請留意不要用指甲梳。

Step 2 將指腹緊貼頭皮，用手順著毛流往上梳理。

3組　膝枕頭部按摩

拇指推壓（直線）

到目前為止，頭部感覺已經開始感覺到輕鬆了。為了更進一步提升這種感覺，接下來，讓我們使用拇指進行強而有力的指壓，提供一種愉悅的刺激。

Step

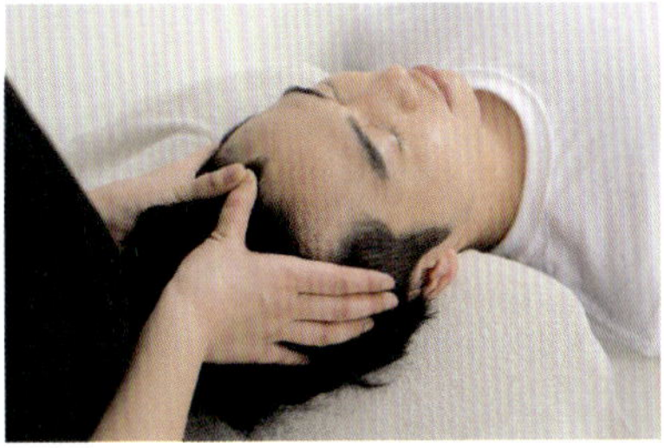

雙手拇指交疊，置於髮際線上。

Step

緩慢地，用時3秒鐘，向一個地方施加壓力！

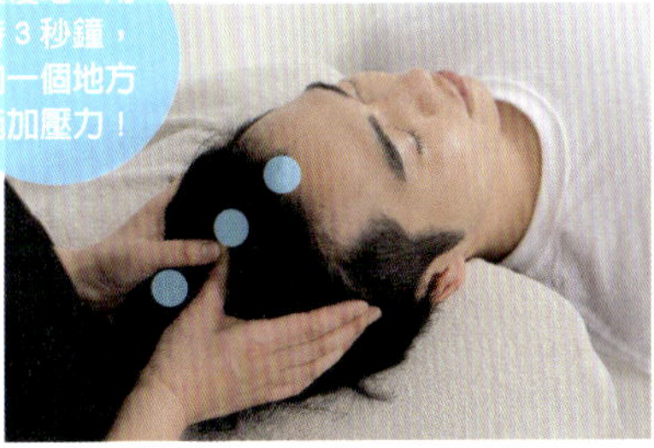

在髮際線處到頭頂部，向上用力推壓約1公分。

Step

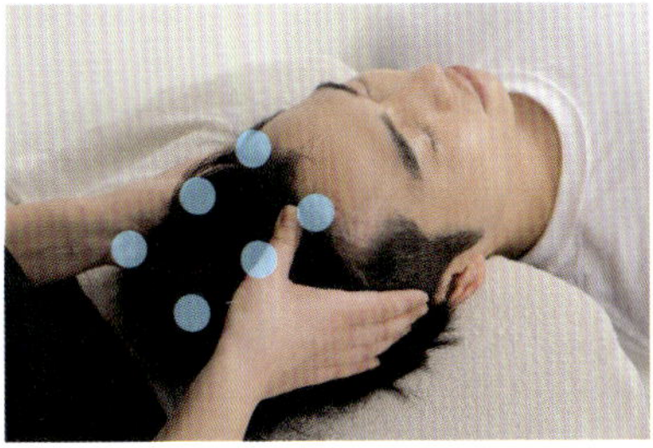

完成中線的推壓之後，拇指鬆開，然後在側邊重複相同的動作。

各轉3圈

膝枕頭部按摩

拇指推壓（の の字）

接下來是「の の字」推壓。在按摩後已經處於放鬆的頭皮，這次讓我們用像在書寫「の の字」的方式移動，以放鬆整個頭皮。

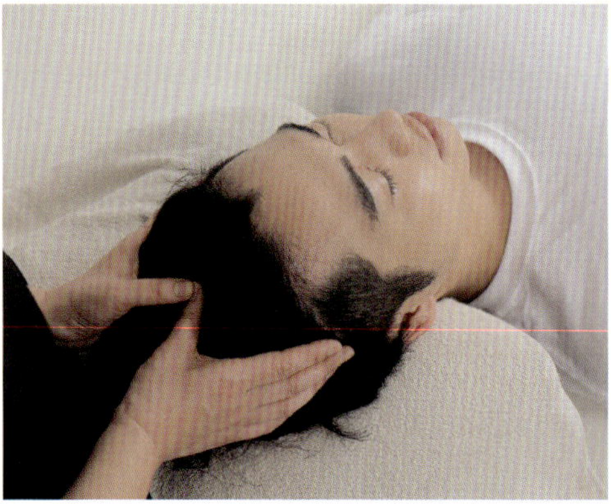

Step 1
將拇指疊放於頭部頂端。

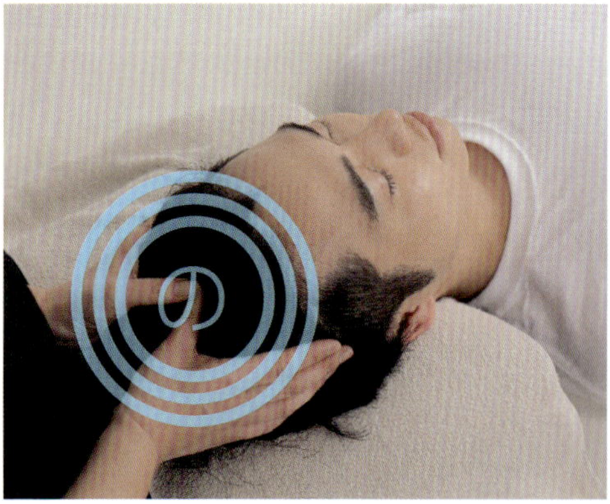

Step 2
想像著「の の字」，逐漸加大動作，以按摩放鬆整個頭部。

太陽穴按摩

使用電腦和手機的現代人眼睛容易感到疲勞。太陽穴按摩不僅可以緩解眼睛疲勞，還可以期待它的上提效果。

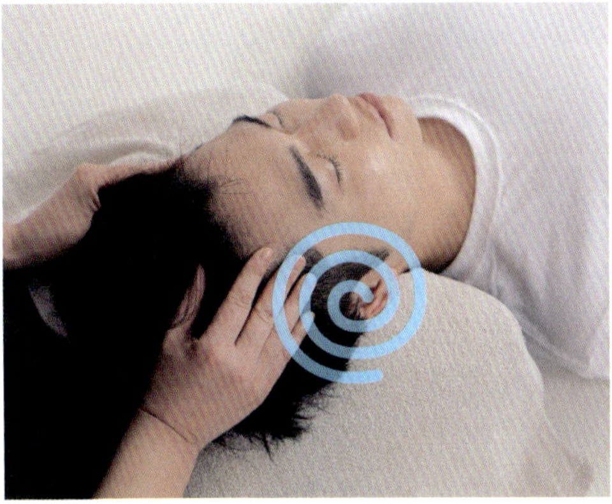

Step 1

將食指、中指、無名指置於太陽穴，以順時針方向按摩三次。

Step 2

將手指斜向後方拉起，保持3秒不動。

耳部按摩

耳朵被稱為「整個身體的縮影」。在膝枕頭部按摩的最後，要仔細按摩耳朵上的許多穴位。

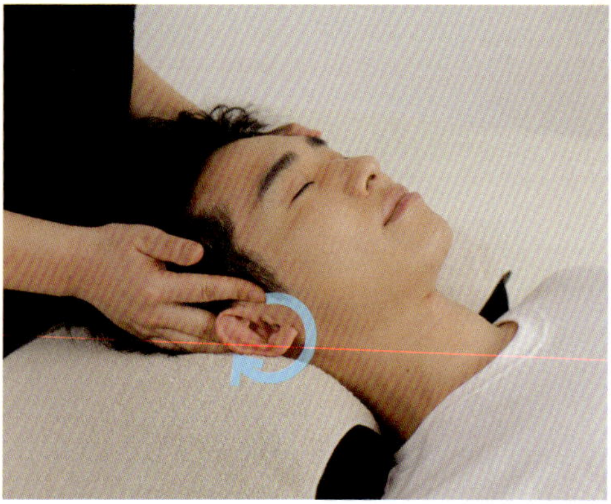

Step 1
將食指放在耳朵前方，中指放在耳朵後方，按摩和放鬆耳朵周圍。

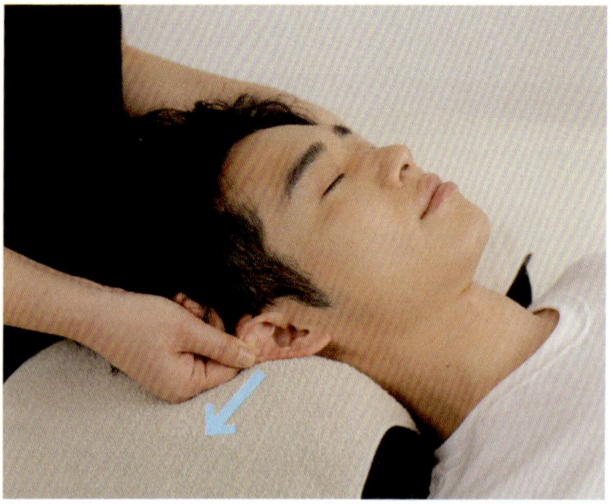

Step 2
食指和拇指捏住耳朵，同時向外輕輕按摩耳朵的外側，這有助於舒緩疲勞。

3組 後抱肩部按摩

L字按摩

LOVE按摩是「一邊互動一邊進行！」這種L字按摩是在交談的途中，偶爾從後面擁抱時就可以進行。

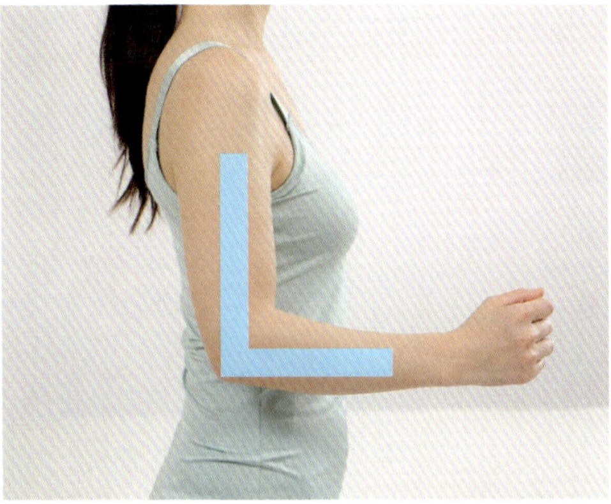

Step

將手肘彎曲成直角，讓手臂呈L字。

推薦!!

在途中的某個時刻親吻對方的頭，就會變成溫馨可愛的時光！

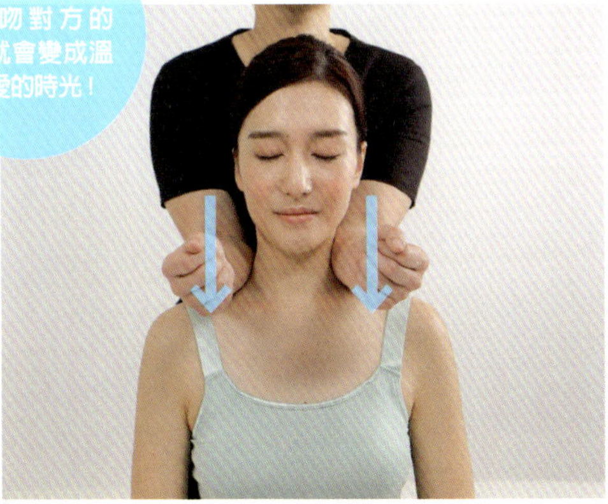

Step

將呈L字的手臂放在對方的頸部，緩慢地向下壓，持續3秒讓體重的重量加上去。

拇指按壓

肩膀周圍容易感到緊繃。由於每個人對於適中的力度感覺不同，因此在找到合適的力度時也需要同時確認對方的感受。

POINT
手軸彎曲會使力道難以傳達。

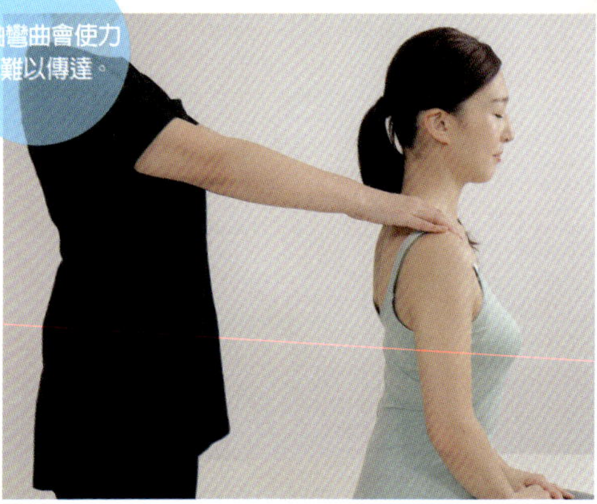

Step 1 手肘保持筆直，伸直手臂，拇指置於頸部的根部。

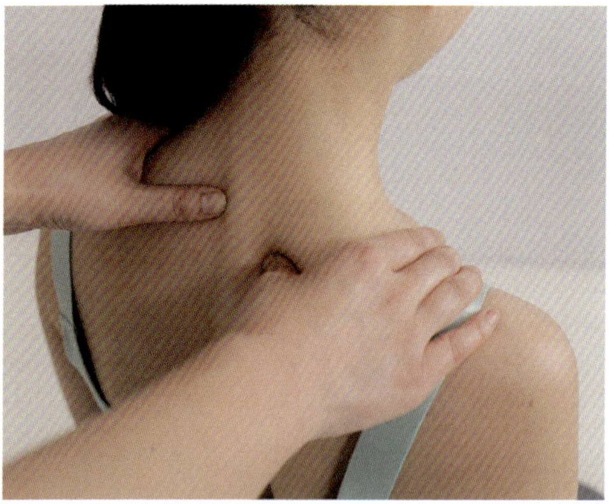

Step 2 使用左右兩邊的拇指，均勻而有力地向下按壓，每次持續3秒。

三明治按摩法

現在會針對電腦工作時，由於駝背而縮緊的胸部。胸部開闊可以讓呼吸變得更深，提高放鬆效果。

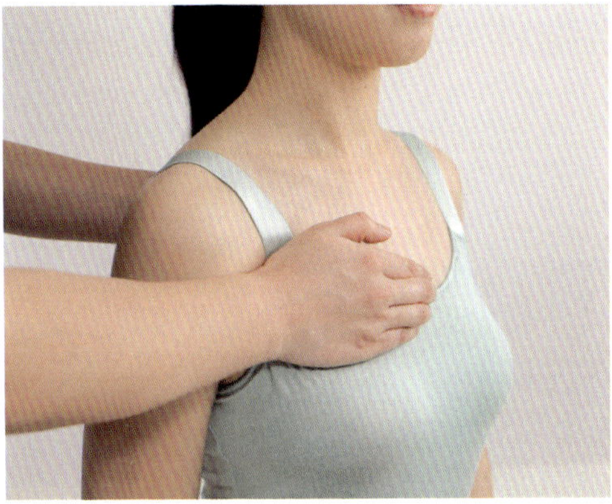

Step 1

將手輕輕放在鎖骨下方，感受著柔軟的觸感。另一隻手則放在對側肩胛骨附近，支撐著身體。

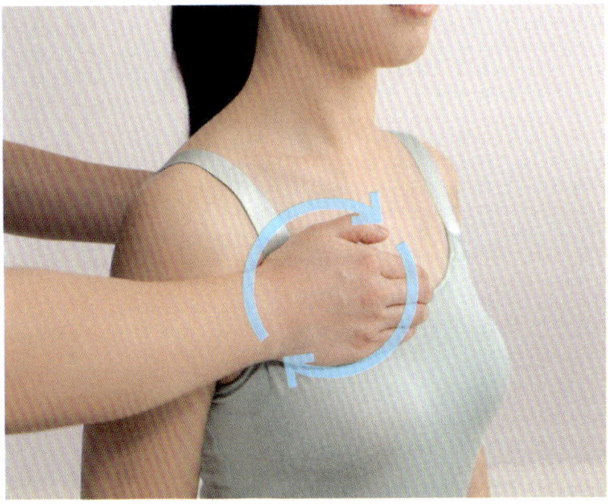

Step 2

輕輕以畫圓的形式從鎖骨以下的區域到胸部的上半部進行按摩，放鬆並舒緩胸部的緊繃感。

、雙臂擠壓

因為電腦工作或手提重物容易使二頭肌疲勞。透過讓對方幫你按摩，不僅能感受到清爽感，還能感受到對方的柔情。

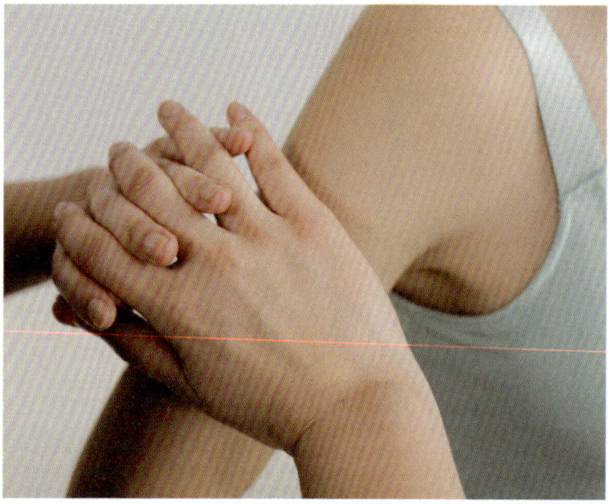

Step 1

讓手指交握，形成一個可以讓雙臂進入的空隙。

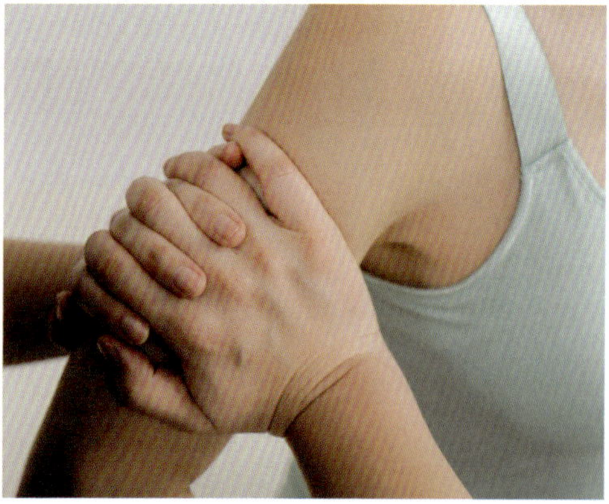

Step 2

將雙手緊緊夾住上臂輕壓 3 秒，然後放鬆。

骨盤按揉

「按揉」的動作有助於緩解身體的緊繃感。當身體放鬆下來並且整個身體開始搖晃時，這是放鬆的象徵。

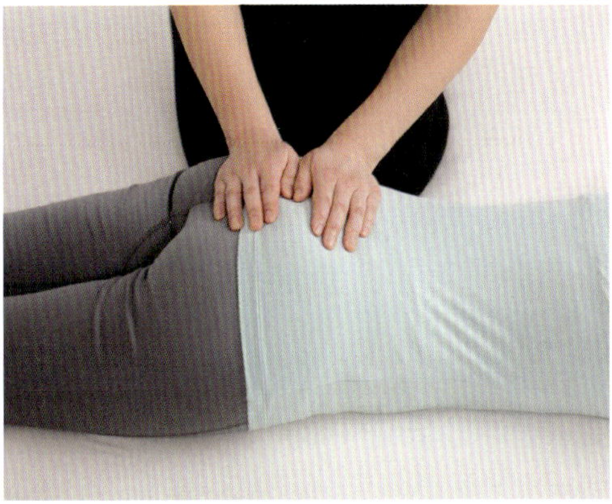

Step

對骶骨進行軟著陸觸摸。

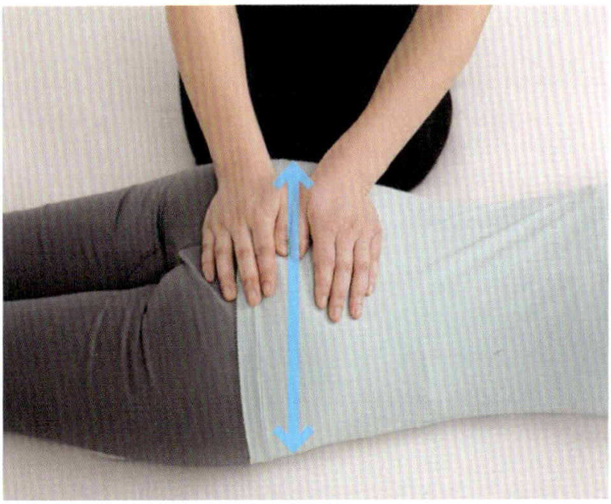

Step

前後搖晃著，彷彿想要將沉睡中的人從夢中喚醒。

腰部按摩

透過按揉搖動骨盤，使腰部感到相當放鬆。若能緊密地貼近並按摩揉捏腰部，會逐漸滲透且變溫暖，使腰部周圍感到輕盈愉悅。

POINT
別忘了先說一聲「要坐下囉」！

Step 1 跨坐在對方的大腿附近。要注意，在這時不要突然重重地坐下。

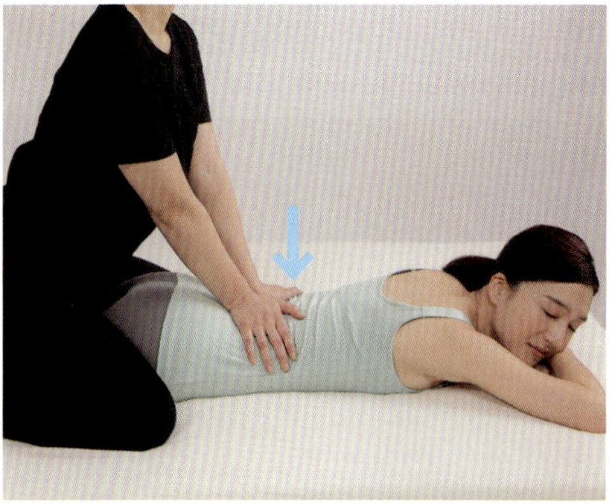

Step 2 以腰部進行軟著陸觸摸。雙臂伸展的同時，慢慢用3秒的時間向左右方向交替推壓。

Step2 / 3組

下半身精力恢復、

熊行走式按摩（上半身）

按摩也是重要的一環。在背部，彷彿熊在輕快地行走一樣，慢慢移動，深入按摩，以使身體更能在性愛中靈活運動。

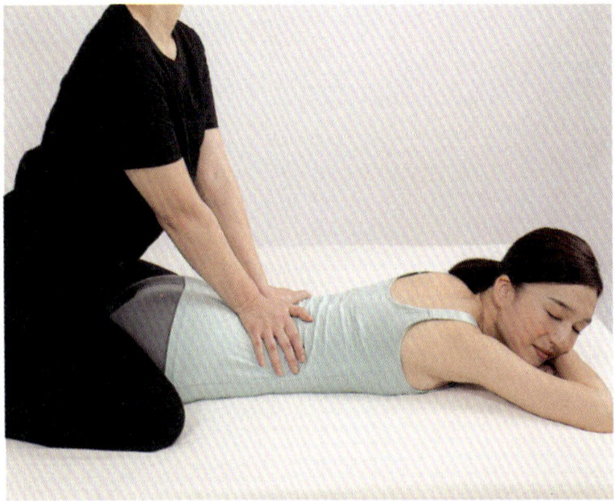

Step 1

跨坐在對方的大腿附近，在腰部進行軟著陸觸摸。

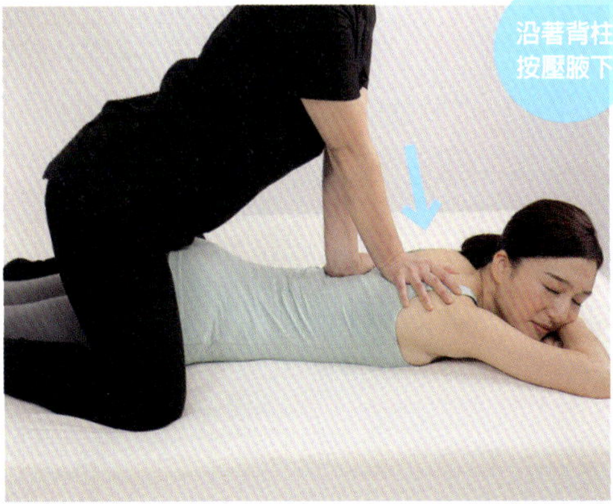

Step 2

腰→肩→腰來回，而且每個部位緩慢地按壓3秒鐘。

軟著陸觸摸

Step 2 / 3組

下半身精力恢復

熊行走式按摩（下半身）

最後進行下半身的按摩。從臀部到腳底仔細按摩，有助於解決浮腫。臀部周圍感到溫暖，也有助於迎接愉悅的性愛體驗。

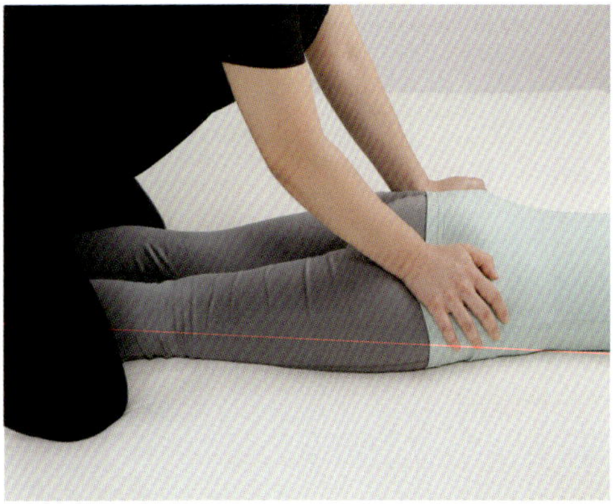

Step 1

將身體跨坐在對方的腿上，在臀部進行軟著陸觸摸。

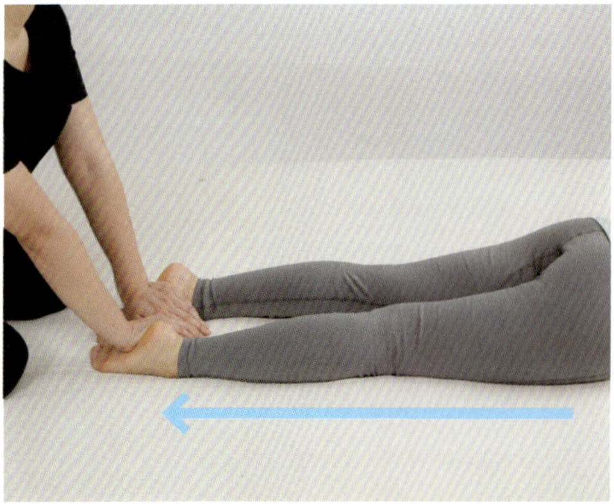

Step 2

從臀部到腳底，用力且緩慢地按摩，每次按壓持續 3 秒。

Lesson3

LOVE按摩的

按摩油

準備：開始使用LOVE按摩油前

床單

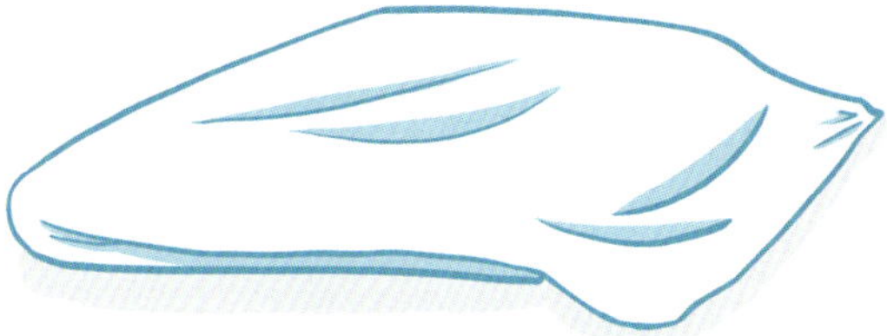

使用按摩油進行按摩時，由於床墊、被子等平常使用的物品可能會弄髒，因此建議準備耐髒的床單。

毛巾

由於在進行油壓按摩時需要裸體，因此為了保持身體溫暖，建議使用大條的毛巾（也可以使用毯子）。

按摩用精油

用於油壓按摩的精油，有各式各樣的種類可以挑選，但建議使用所有膚質都適合的荷荷巴油（Jojoba oil）。

精油

精油可根據個人喜好選擇。除了已經添加精油的按摩油外，如果你喜歡特定的香味，也可以自行調配精油。

※注意：請使用天然精油而非合成香料。

耐熱瓶罐

可用於將油加熱的耐熱瓶罐。建議選擇一個單手方便持握且開關容易的小瓶罐。

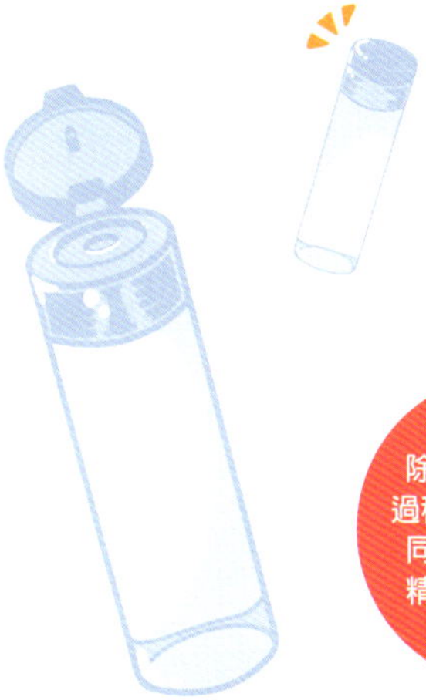

POINT
將油加熱，
除了心靈能在這
過程中感到平靜，
同時也能藉此讓
精油更好地融入
肌膚中！

馬克杯

油也像手一樣，如果太冷，效果便會減半。加熱時需準備一個杯子，倒入稍微高溫的熱水。

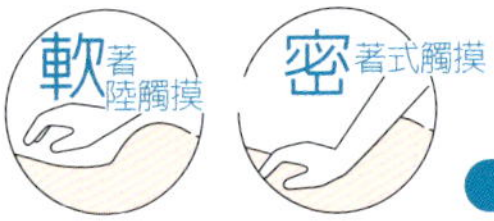

Step2 ～ Step3 做 3 組

問候（肩～腳底）

現在我們將使用按摩油來進行LOVE按摩。由於在日常生活中很少有機會體驗這種油壓按摩，因此你將能夠感受到這種獨特的愉悅感，而且情緒也肯定會迅速升華。

Step 1

在使用油前，為了不讓身體冷卻下來，請幫全身蓋上毛巾。

Step 2

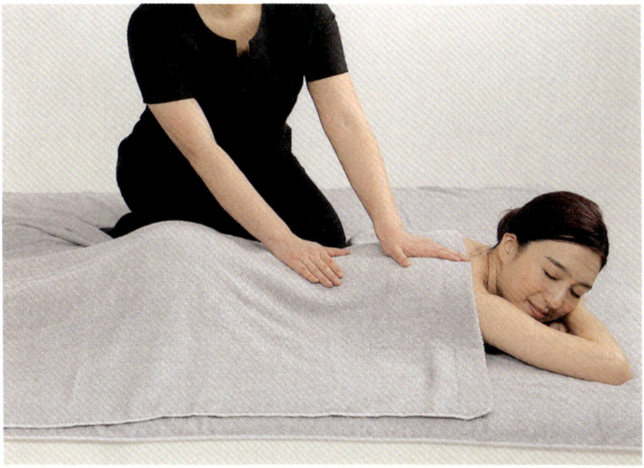

隔著毛巾對肩胛骨進行軟著陸觸摸。

Step 3

催產素
（Oxytocin）
每秒移動
5 cm

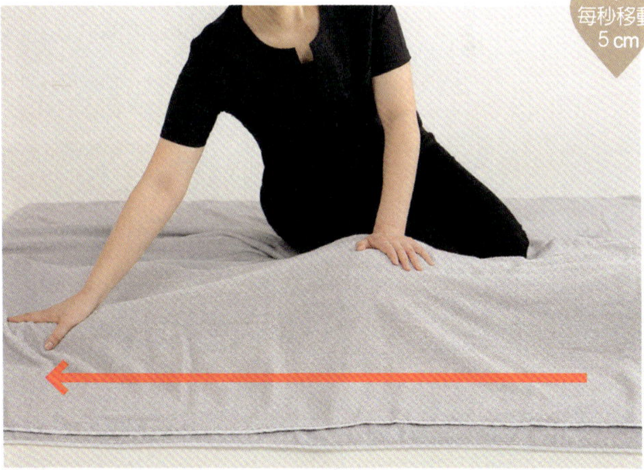

以密著式觸摸的方式，慢慢且柔順地輕撫至腳底。然後，對另一側進行相同的動作。

就位

（上半身）

首先從上半身開始。由於按摩時需要保持全裸，因此請留意室內溫度等狀況，這也是一種表達愛意的方式。別忘了檢視房間的環境！

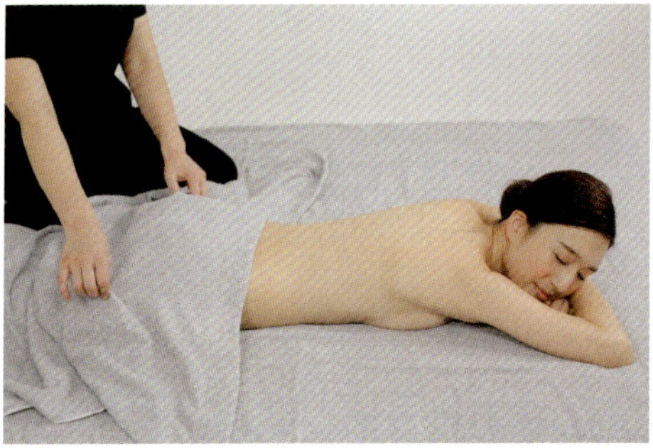

Step 1

將毛巾緩慢地下拉至臀部縫隙處。

不要忘記加上一句話！

別忘了問：「我壓在你身上了，你會太重嗎？」

Step 2

毛巾下拉後，便跨坐在大腿上。

滴熱油

（背部）

按摩油需要預先加熱5分鐘，使其保持溫熱的狀態。同時，在每次進行按摩時，請滴入適量的按摩油。

開始之前！

使用手背檢查按摩油的溫度!

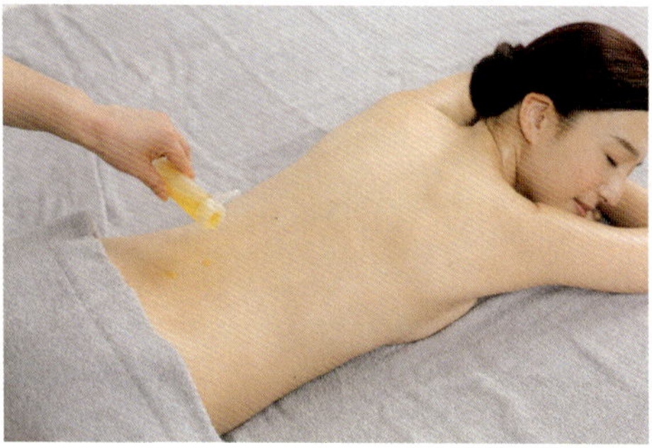

Step

開始從骶骨（臀部的縫隙）附近滴下預熱過的按摩油。

Step

沿著脊椎一直滴到肩胛骨附近。

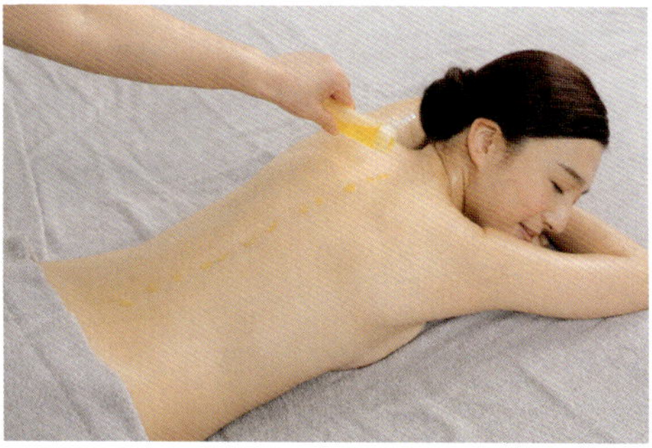

3組

蛙泳式按摩

（背部、手臂）

這是一種以蛙泳的手部動作來進行的油壓按摩。請注意將按摩油充分地融入肌膚中。

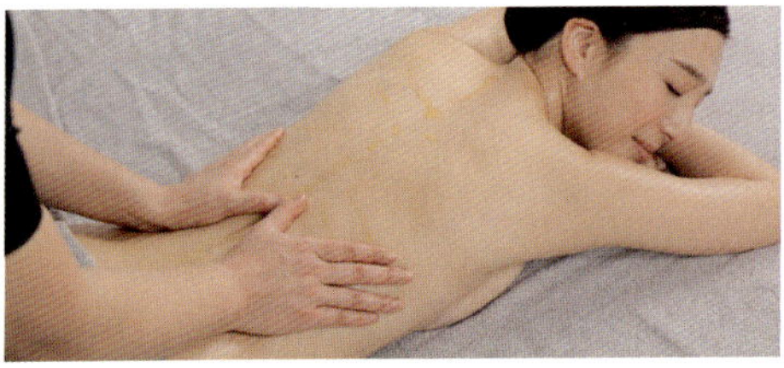

Step 1

在滴過按摩油的骶骨上進行軟著陸觸摸。

Step 2

讓油繼續滑動，並用密著式觸摸，沿著肩膀輕輕往上揉捏。

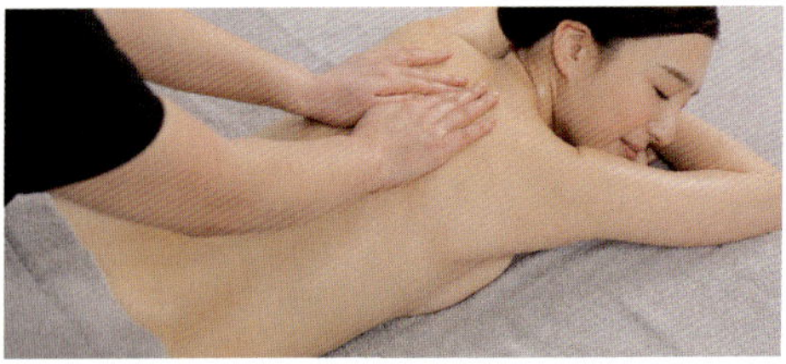

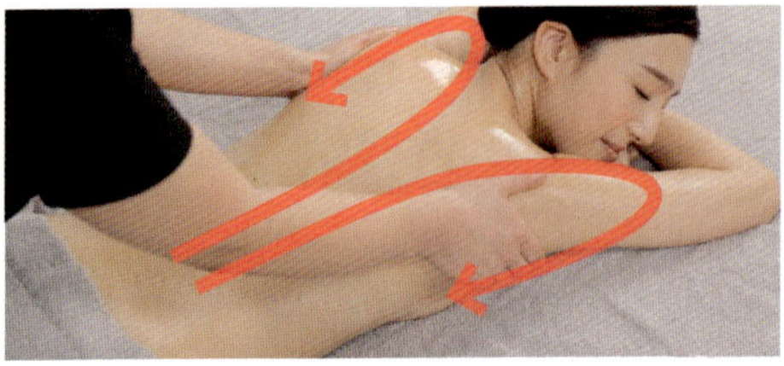

Step 3

從肩部開始，依序按摩上臂、手肘、側腹，然後再回到最一開始的骶骨，彷彿包覆著整個區域。

3組

心字疊加按摩

（腰部～背部）

腰部是性愛過程中非常重要的部位。雖然在Lesson 2已經充分地放鬆整個腰部了，但透過油壓按摩更能提高其感受度。

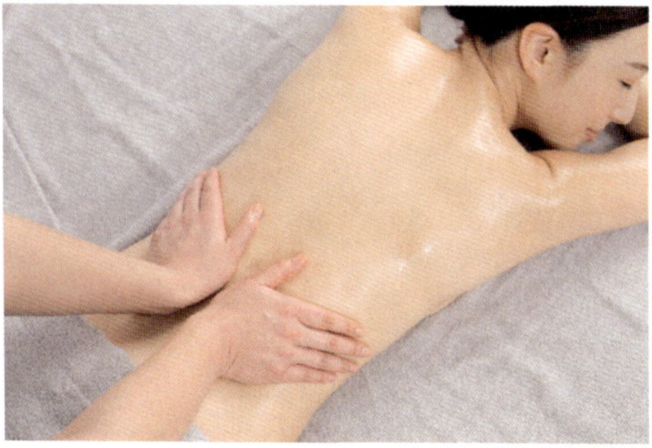

Step 1

對骶骨進行軟著陸觸摸。

Step 2

從腰部往肩膀透過密著式觸摸，以畫愛心的方式對整個背部進行按摩。

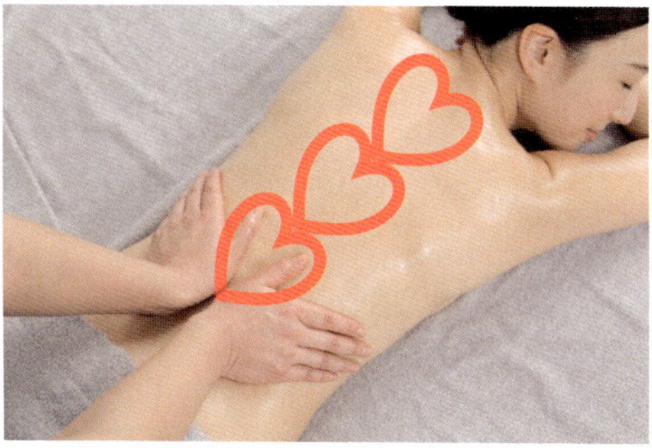

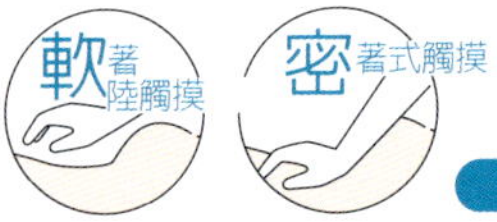

3組

千手按摩

(背部)

這種按摩的別名為「千手觀音」，使用雙手平滑地揉捏。從下到上按摩脊椎的動作可能會更加激發性愛的氛圍。

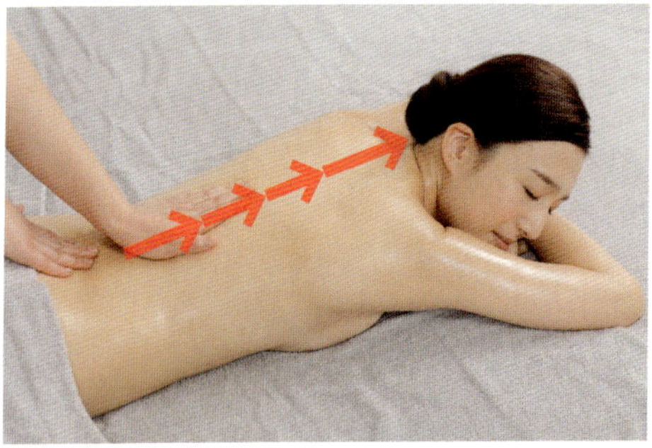

Step 1

將手直擺，對骶骨進行軟著陸觸摸。然後，使用雙手交替按摩至頸部。

Step 2

接下來，像用食指和中指夾住脊椎一樣，持續按摩至頸部的根部。

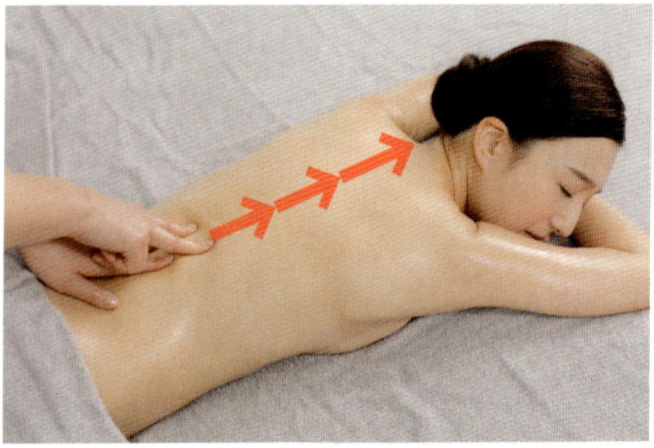

就位

（下半身）

接下來是針對下半身的油壓按摩。這裡需要再加熱按摩油。熱油能使效果倍增。

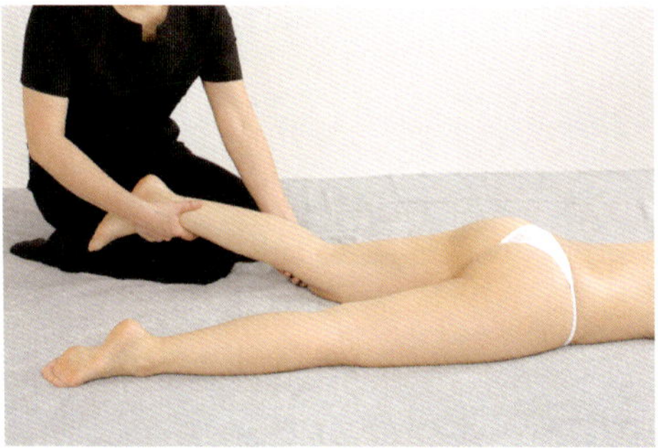

Step 1

扶著腳踝和膝蓋並打開讓雙腳與肩同寬。

Step 2

帶著透過腳底傳遞自己溫度的意識，坐在某一側的腳底上。

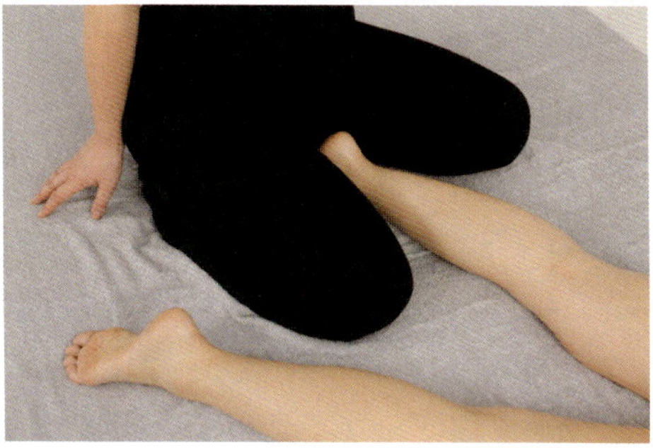

滴熱油

（雙腳）

到這一步，身體應該已經感覺到溫暖了，但如果感到有點冷，可以在上半身蓋上一條毛巾。

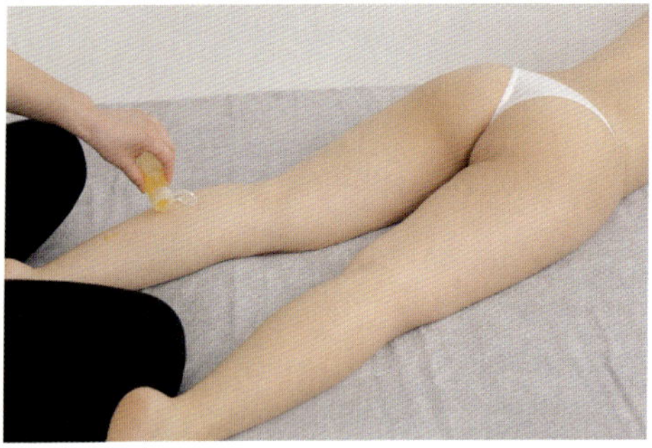

Step 1

加熱過的按摩油從腳踝開始滴。

Step 2

沿著整隻腳的中線開始滴，一直滴到臀部為止。

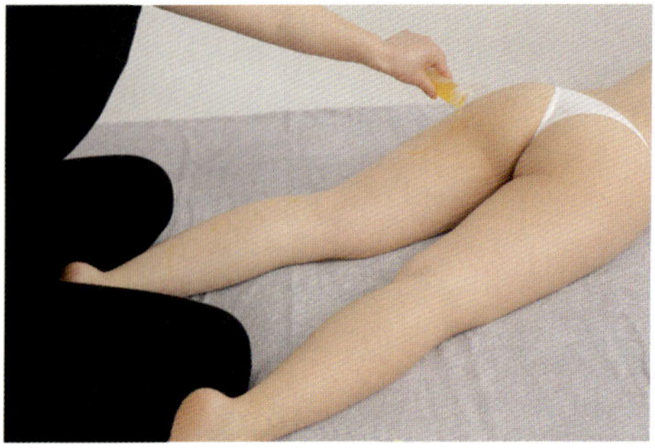

左右各做 3 組

腿部與臀部上提

從腳踝開始，用手往上撫摸整個腳部直至臀部。從下到上的動作有助於緩解浮腫感並帶來一種挑逗的效果。

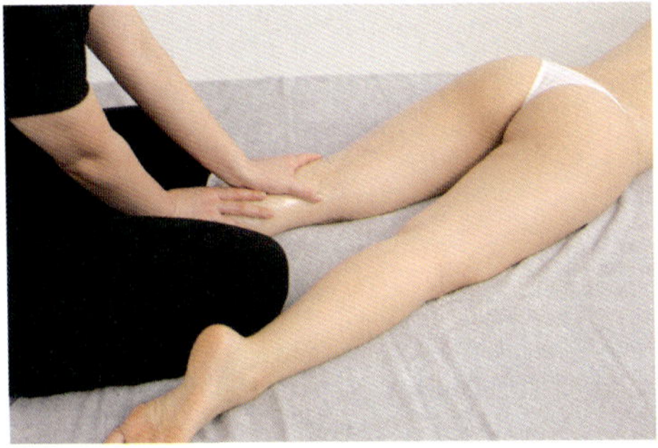

Step

對腳踝進行軟著陸觸摸。

Step 2

從腳踝到臀部以密著式觸摸的方式來按摩上提。

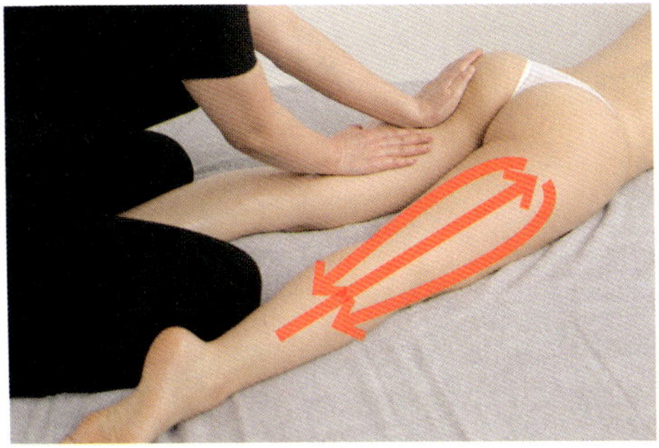

Lesson 2-10

左右各做 3 組

心字拇指按壓

（小腿）

小腿被稱為「第二顆心臟」。請仔細按摩和放鬆小腿，促進全身血液循環，讓整個身體從核心都感到溫暖。

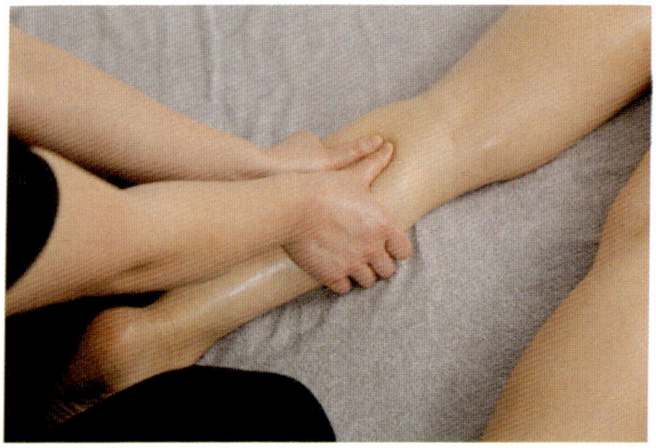

Step 1

使用雙手的拇指，開始按摩小腿的中線。

Step 2

在這個時候，請像畫一個心形一樣，用雙手的拇指進行整個小腿的按摩。

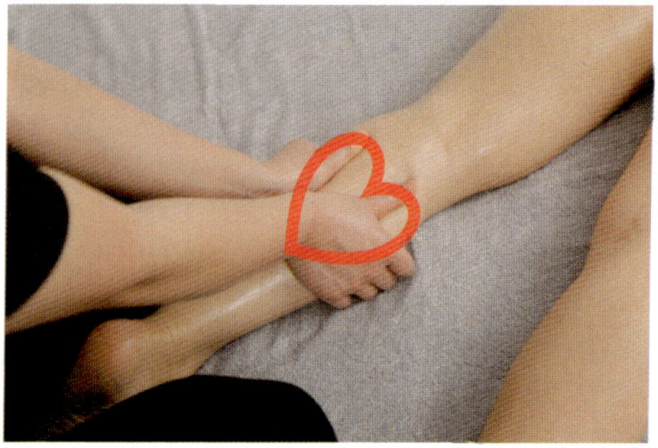

左右各做3組

千手按摩

（腳踝～臀部）

就像上半身一樣進行「千手觀音」的按摩。在過程中，不要停下來，要一氣呵成地由腳踝按摩到臀部。

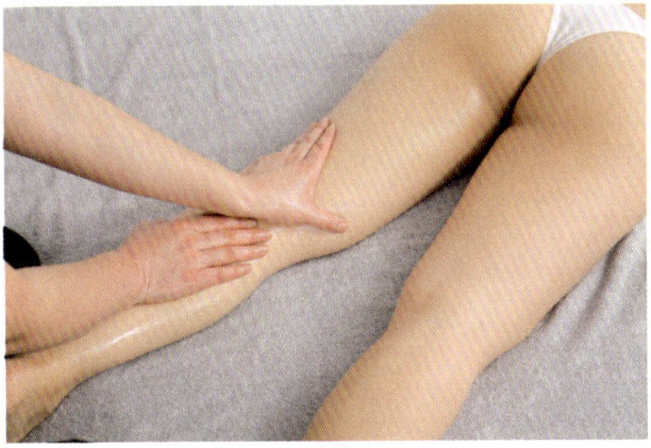

Step

雙手直擺，對腳踝進行軟著陸觸摸。

Step

使用密著式觸摸來持續按摩到臀部，然後再返回。

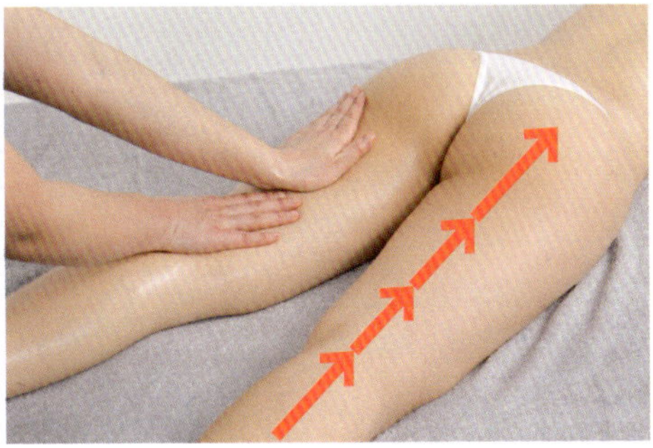

左右各做 3 組

長推按摩

最後使用長推按摩來完成全身的按摩。如果上半身有蓋著毛巾，此時可以拿掉。

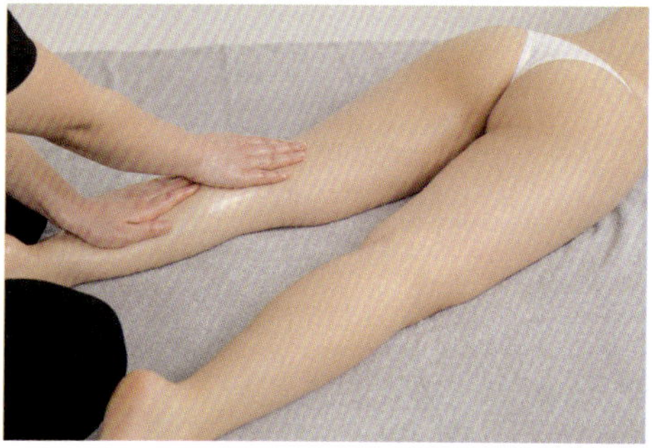

Step 1

對腳踝進行軟著陸觸摸。

Step 2

用密著式觸摸一口氣往上按摩到肩膀附近。

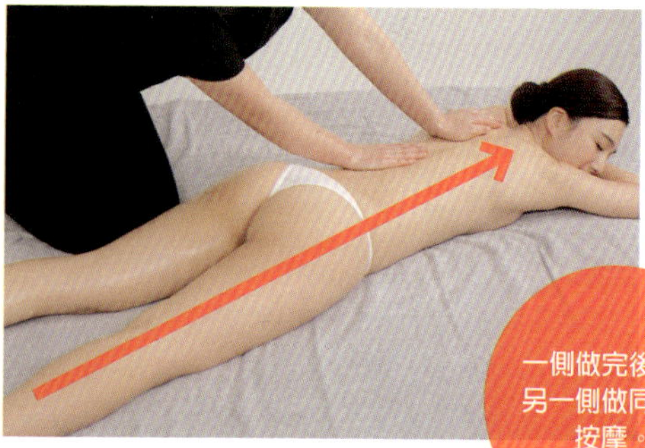

POINT

一側做完後，在另一側做同樣的按摩。

Lesson4

LOVE按摩的

按摩粉

準備：開始使用LOVE按摩粉前

嬰兒爽身粉

嬰兒爽身粉具有讓濕潤肌膚變得乾爽的功效。雖然這通常會用於嬰兒或夏季護膚，但在LOVE按摩中，這種粉末也是提高感受度的必備品。推薦使用方便撒的瓶裝包裝。只要嘗試過這種使用按摩粉按摩的方式，就會一試成主顧。

毛巾

與油壓按摩相同，粉末按摩由於有粉塵飛揚的問題，所以為了防止床單或被子弄髒，也需要鋪上大條毛巾（或床單也可以）。同時，也請準備好保暖的措施（也可以使用毛毯）。

重點　按摩粉與感官觸摸的速配度

粉末在夏季或沐浴後的溫熱身體上有適度降溫的效果。此外，它還能防止乾燥，可以用於化妝，對女性來說是一種非常實用的物品。這種粉末與感官觸摸的搭配會有非常出色的效果。在感官性觸摸時，手指輕觸的程度至關重要，而粉末的滑順感使手指的動作更加細膩且富有情感。

撒粉（背部）

現在開始進行粉末按摩。如果皮膚上還有油脂，請使用預先加熱的濕毛巾擦拭。

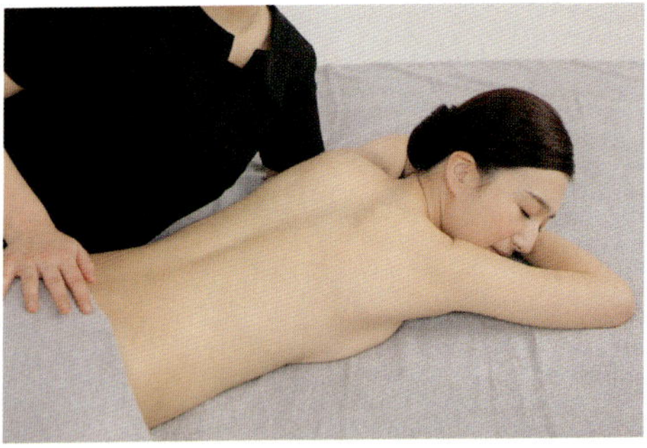

Step 1

躺在對方的身旁。

Step 2

沿著脊椎撒上按摩粉。

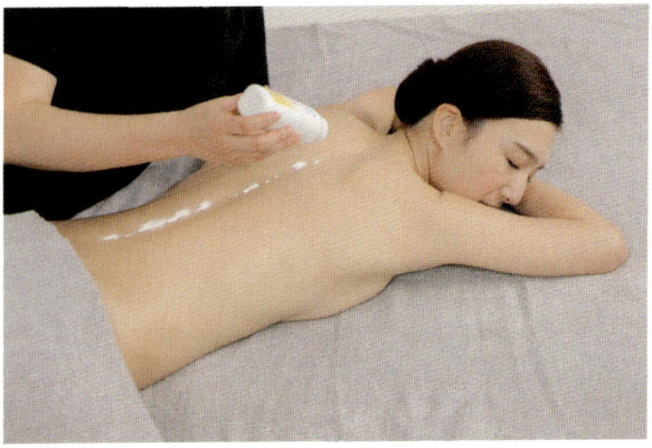

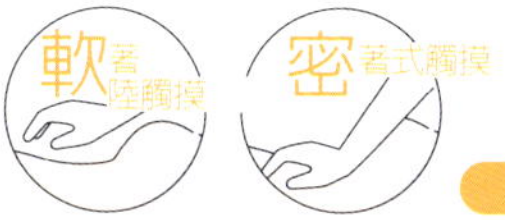

3組

螺旋放鬆按摩

首先使用密著式觸摸，讓對方感受到粉末的舒適感。

粉末也像油一樣，每次按摩前都要先撒在身上。

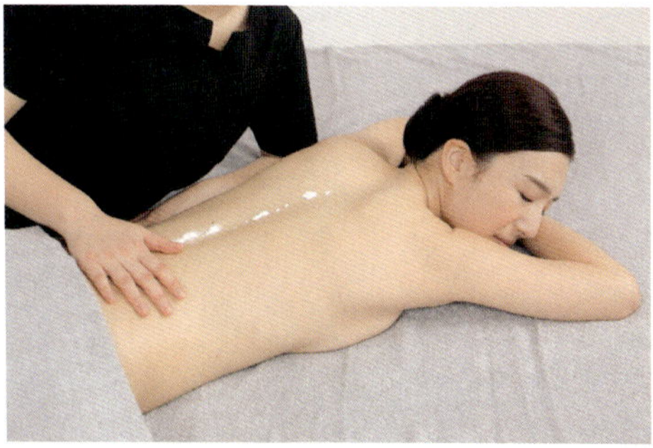

Step 1

對骶骨進行軟著陸觸摸。

Step 2

以密著式觸摸的手法螺旋狀地從肩膀一直按摩到肩胛骨。

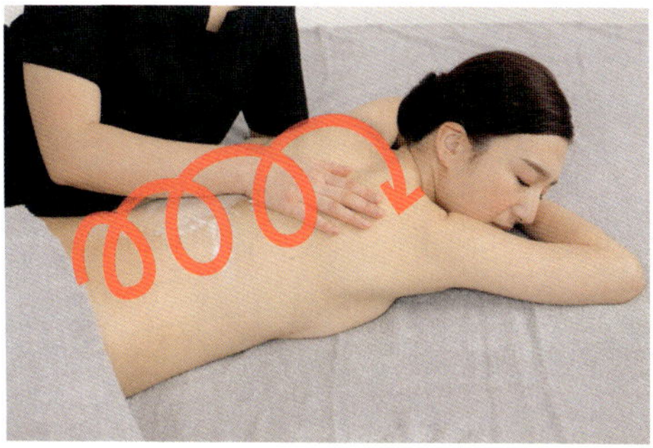

3圈 / 3組

連續螺旋按摩

接下來，使用感官觸摸，讓對方感受到特有的刺激感，並逐漸提升興奮度。

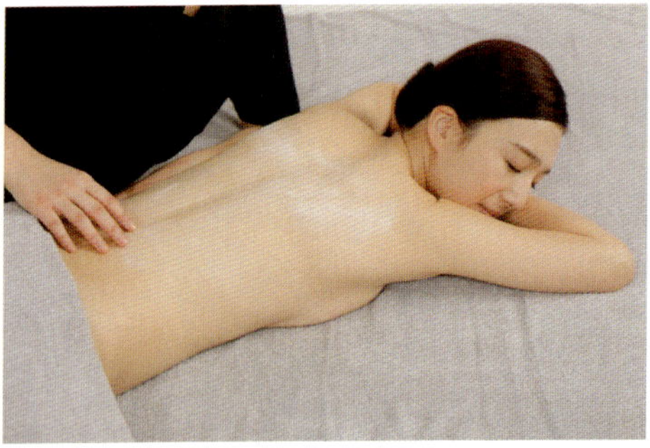

Step 1

對骶骨進行感官觸摸。

Step 2

以螺旋狀感官觸摸手法一直按摩到肩胛骨。

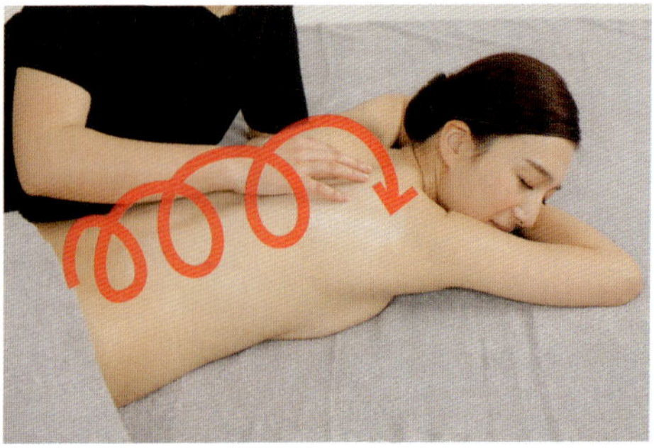

感官觸摸

左右各3圈

順時鐘按摩

以輕柔的手勢，順時針畫圓撫摸。在肩胛骨的邊緣和腋下等敏感部位，觸摸會帶來令人陶醉的愉悅感。

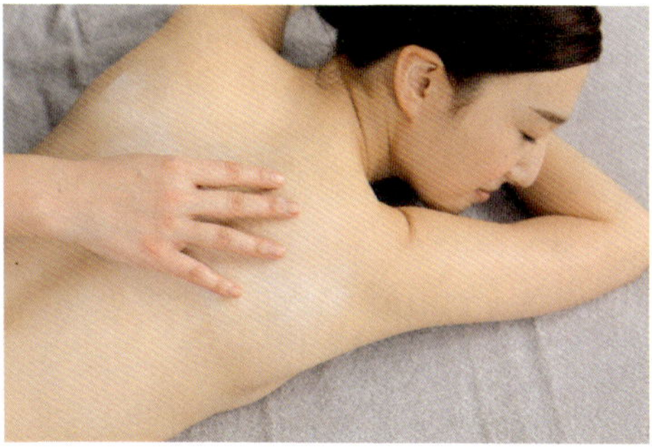

Step 1

對肩胛骨進行感官觸摸。

Step 2

使用感官觸摸，以畫大圓的方式，觸摸整個肩胛骨、腋下和腹部。

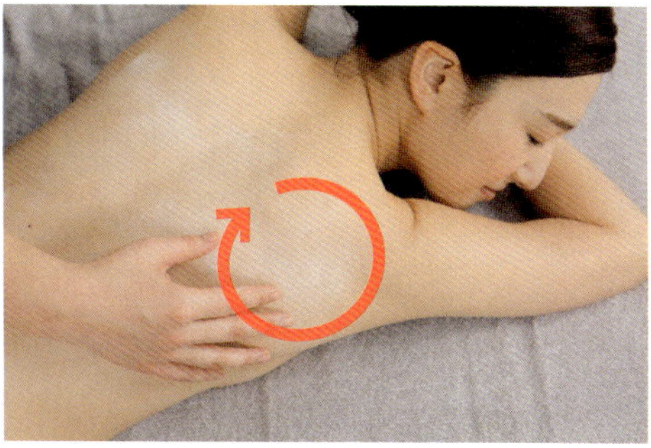

祕密點 (secret point) ①

在進行到這一步的LOVE按摩時，已經提升了感官敏感度，現在嘗試撫摸骶骨。這個隱藏的敏感帶可能會打開新的一扇門。

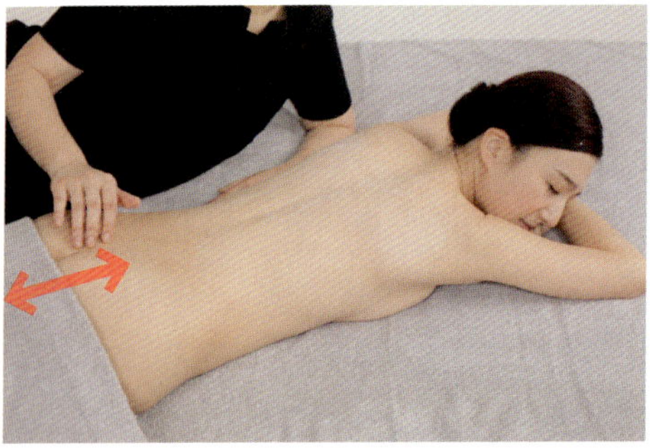

Step 1

對骶骨進行軟著陸觸摸，輕微地上下移動。這個部位應該是一個隱藏的敏感帶。

Step 2

之後使用感官觸摸沿著脊椎按摩到頸部根部。

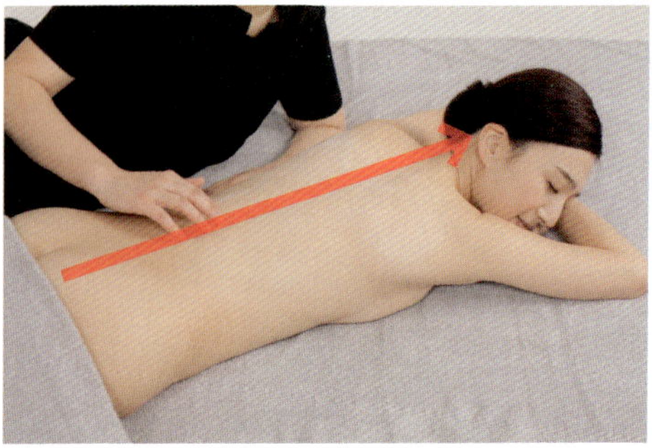

撒粉（雙腳）

現在進行雙腿的粉末按摩。如果感到有點冷，請為上半身蓋上毛巾。

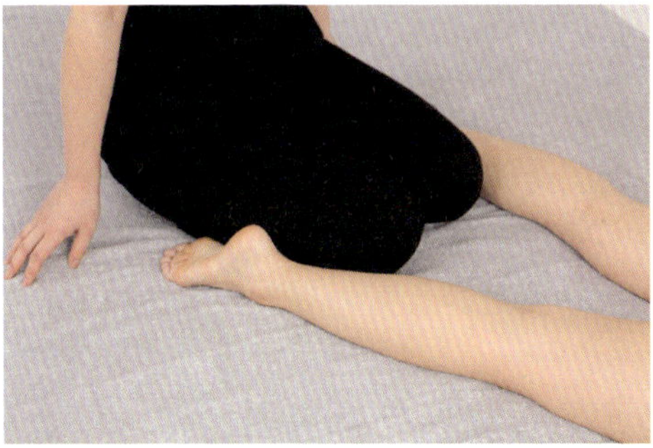

Step
1

坐在對方的雙腿之間。

Step
2

從雙腳腳踝開始撒上按摩粉。

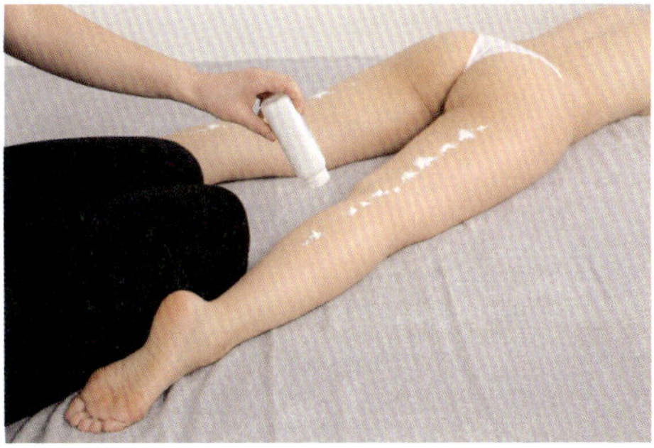

3組

上粉塗敷

使用密著式觸摸，在整條腿上均勻地塗開按摩粉。在這個過程中，請確保不要過於用力。

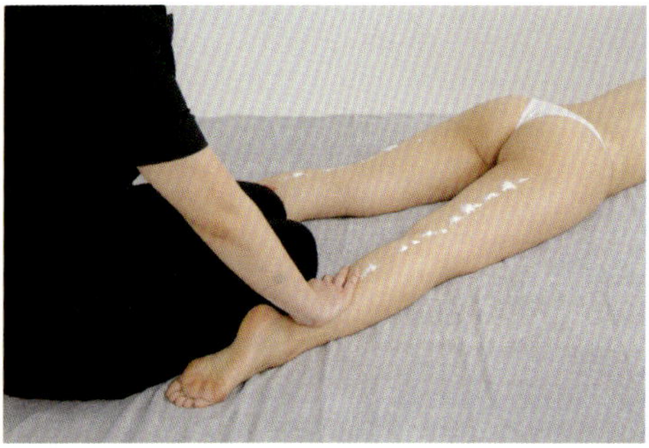

Step 1

對雙腳腳踝進行軟著陸觸摸。

Step 2

以密著式觸摸，將按摩粉從內側塗抹到臀部的外側。

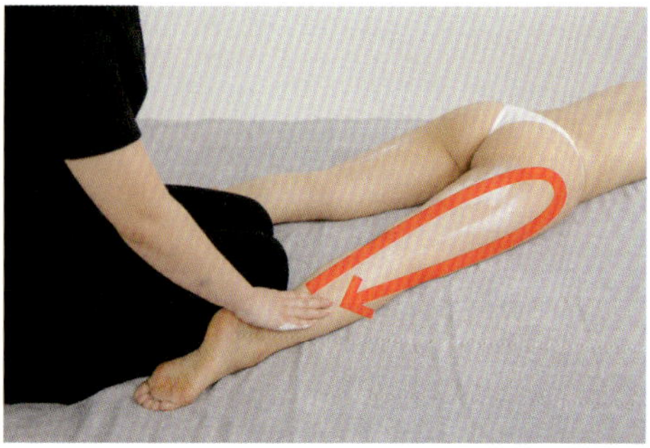

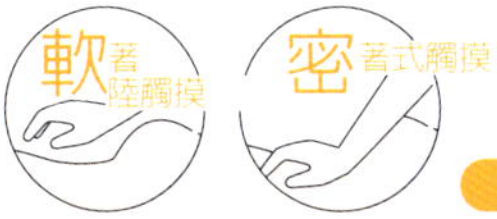

3組

腿部與臀部上提

在整條腿上均勻地塗開按摩粉後，以密著式觸摸進行，並在加壓的同時往上撫摸上提。

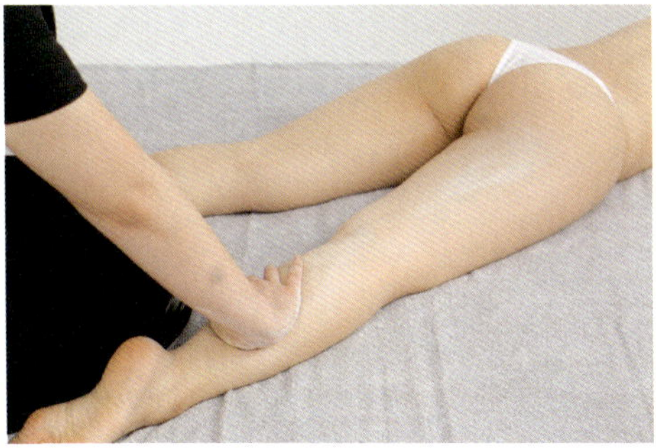

Step 1

對雙腳腳踝進行軟著陸觸摸。

Step 2

以密著式觸摸，由內側撫摸至臀部，然後從外側返回。

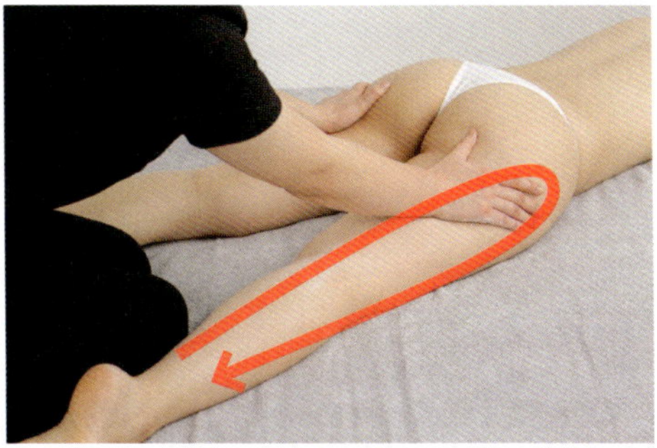

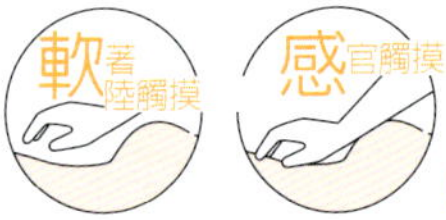

3組

祕密點（secret point）②

這是祕密點（secret point）的第2彈。這裡也可能是隱藏的敏感帶，請仔細觀察對方的反應。

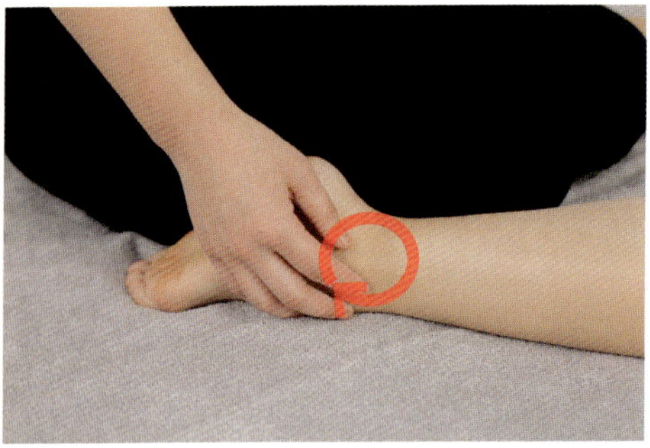

Step 1

隱藏的敏感帶正是腳踝。以感官觸摸的手法，像畫圓一樣在雙腳腳踝按摩3圈。

Step 2

以感官觸摸的手法，對兩邊膝蓋的後側左右來回撫摸3次。

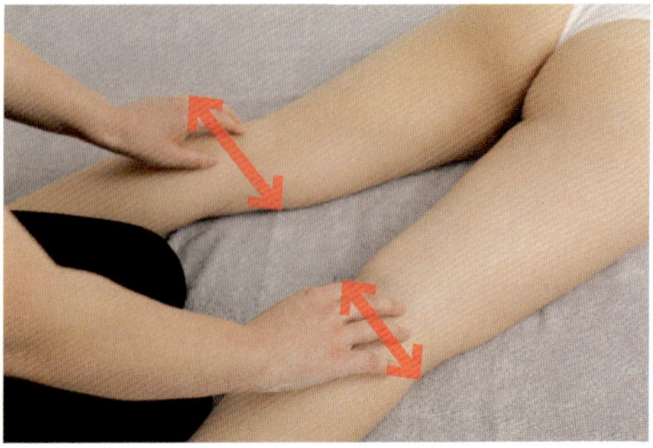

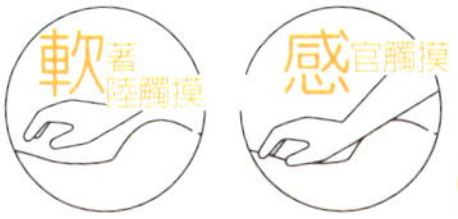

3組

内側集中按摩

最後的粉末按摩要著重在內側。在感受度已經高漲難耐時，大量的給予挑逗是很重要的。

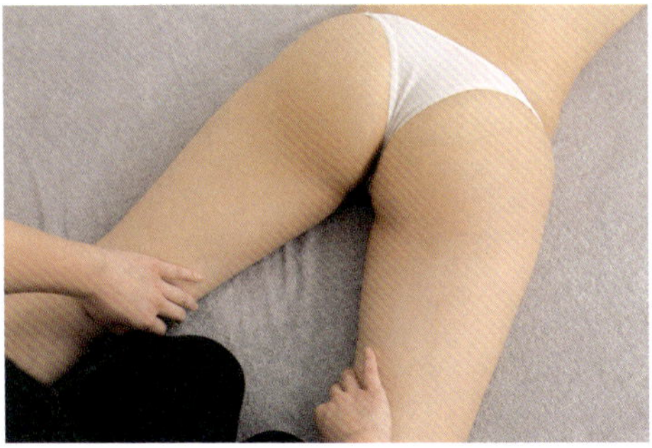

Step 1

對大腿內側進行軟著陸觸摸。

Step 2

以感官觸摸的手法，依序從大腿內側→大腿根部（與生殖器的距離近到最極限的位置）→外側來進行撫摸。

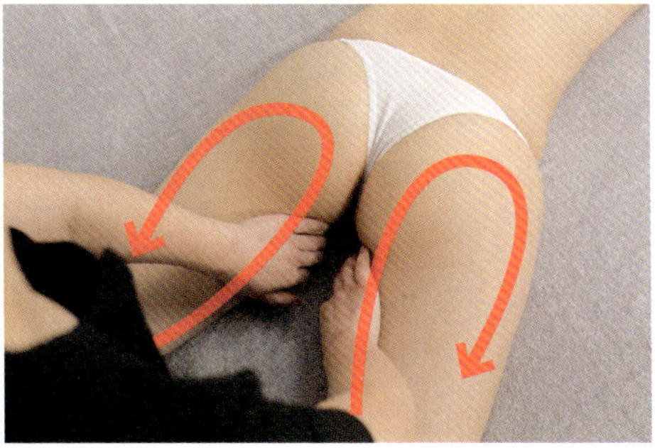

敏感帶地圖

敏感帶的位置因人而異。在與對方交談的同時，去找到對方的敏感帶是很重要的。左下圖有一些建議的動作，可以嘗試參考。

耳 1 親吻整個耳朵。接著用手指或舌頭在耳洞內外遊走。

脖子 2 用舌頭或嘴唇來進行感官觸摸會讓興奮度大增。

手指 3 舔著一根又一根的手指，就像口交一樣讓手指在嘴裡來回游走。

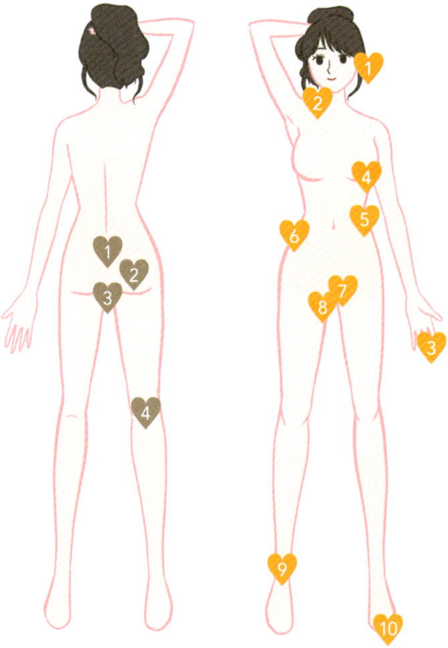

骶骨 1 第88頁介紹過的LOVE按摩推薦部位。

臀部 2 在四腳趴地的狀態下溫柔親吻。

肛門 3 以感官觸摸的手法來撫摸。

膝蓋內側 4 第92頁介紹過的LOVE按摩推薦部位。

胸部(乳頭) 4 不只是舔，時而揉捏，時而用力地吸吮也很有感覺。

側腹 5 以密著式觸摸或感官觸摸的方式來撫摸。

腰椎骨 6 對這個部位親吻或給予感官觸摸就會起雞皮疙瘩。

鼠蹊部 7 用感官觸摸或舌尖在此處遊走。

生殖器 8 用感官觸摸或舌尖在生殖器周圍充分地挑逗。

腳踝 9 第92頁介紹過的LOVE按摩推薦部位。

腳趾 10 與手指相同。

Lesson5

LOVE按摩的
感官按摩

Lesson 51

定位

最後，是感官按摩（前戲）。透過「柔軟」和「強烈」的刺激巧妙地交替，給予極致挑逗以增加興奮感。

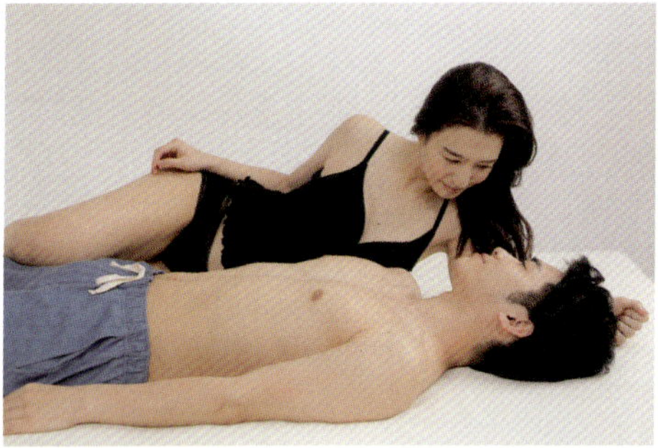

Step 1

靠近對方，貼近他的身邊，凝視著他的臉龐。

Step 2

將腰部進一步靠近，把上方的腿彎起，膝蓋輕輕放在對方的生殖器附近。

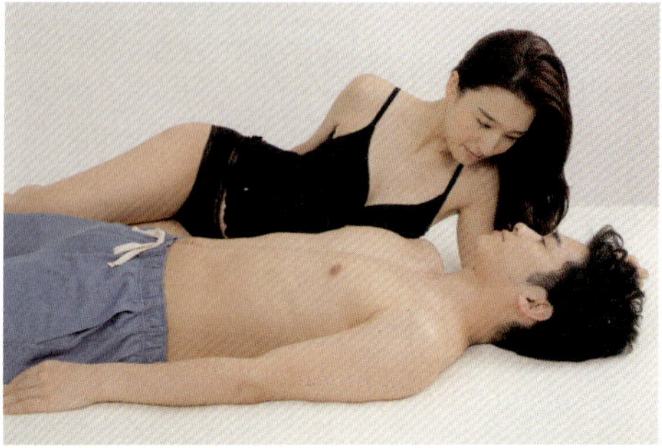

撫摸頭髮

一邊撫摸對方的頭髮，一邊與對方對視。透過凝視，你能感受到彼此的情感，自然而然地給予充滿愛的吻。

Step 1

撐在對方身上，用感官觸摸輕柔地撫摸他的頭髮。

Step 2

一邊撫摸著頭髮，一邊溫柔地親吻。

頸線

脖子常被人說是敏感帶的王道。雖然光撫摸脖子就很有感了，但如果進一步撫摸到鎖骨，也能帶來未知的快感。

Step 1

對耳後方進行軟著陸觸摸。

Step 2

直接往鎖骨的地方以畫橢圓的方式撫摸。

手臂和手部

就像挽著伴侶的手一樣，手臂也是能感受到愛意的重要部位。光是肌膚的貼近就足以是一種深刻的愛撫了。

Step 1

手一直撫摸到鎖骨，然後沿著肩膀周圍進行感官觸摸。

Step 2

當手撫摸到肩膀時，切換成密著式觸摸，仔細地撫摸到手指尖。

抓住雙手

緊緊握住彼此的手，讓對方無法動彈。在無法逃脫的束縛感中，可以感受到比平常更強烈的興奮。

Step 1

將對方的雙手壓在頭頂上方，以密著式觸摸的手法從手腕一直摸到腰椎骨。

Step 2

當手摸到腰部時，切換成感官觸摸，輕柔地往上撫摸側腹部。

胸部與乳房

撫摸胸部這個不分男女，大多數人都有的敏感帶。一邊觀察對方的反應一邊充分地挑逗這個部位。

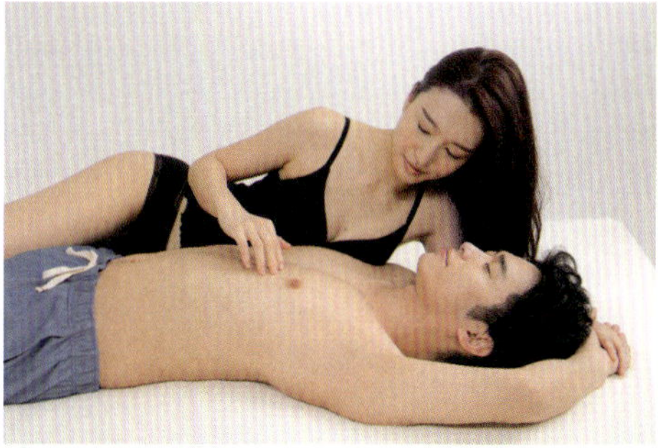

Step 1

對胸部（乳暈外圍）進行軟著陸觸摸。

Step 2

以感官觸摸在胸部周圍畫圓撫摸，漸漸地往乳頭的方向撫摸。

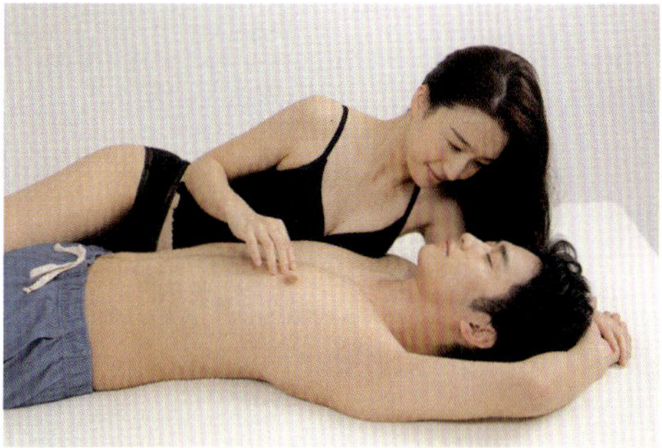

Lesson 57

感官觸摸

胸部尖端

撫摸乳頭這個上半身最引人注目的部位。這時候請不要直接觸摸乳頭，先進行一些挑逗的動作，然後再輕輕地觸碰到敏感的尖端部位。

Step 1

用兩根手指輕輕擦過乳暈和乳頭上方，以挑逗的方式製造一些期待。

Step 2

充分挑逗之後，用手指的腹部輕輕揉搓乳頭。逐漸朝不同的方向旋轉揉動。

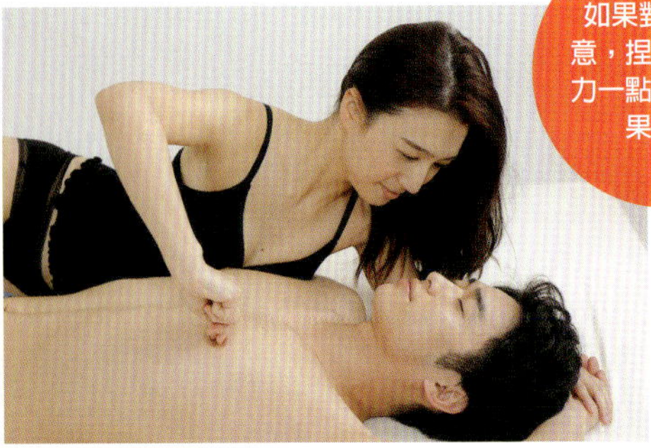

POINT

如果對方不介意，捏得稍微用力一點也是有效果的！

感官觸摸

比基尼線

這是最後的挑逗部位。有些人的慾火可能已經高漲到極限了。透過這個臨門一腳，大幅增加感受的深度。

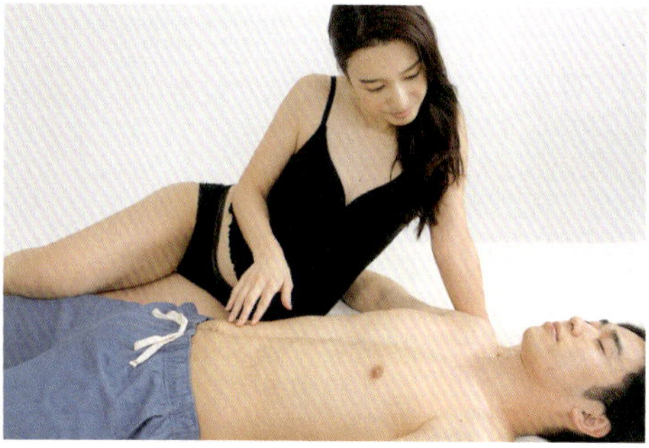

Step 1

在充分挑逗乳頭之後，用感官觸摸的手法從下腹部一路往下撫摸至比基尼線。

Step 2

從下腹部到比基尼線以感官觸摸來回往返愛撫。

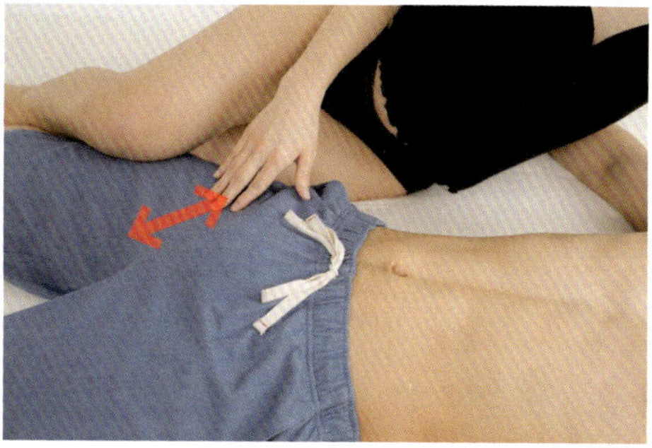

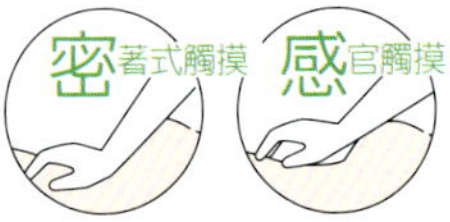

前戲

終於來到LOVE按摩的最終章。身心都處於人生有史以來的最高潮，請給予對方蘊含滿滿愛意的讚美吧。

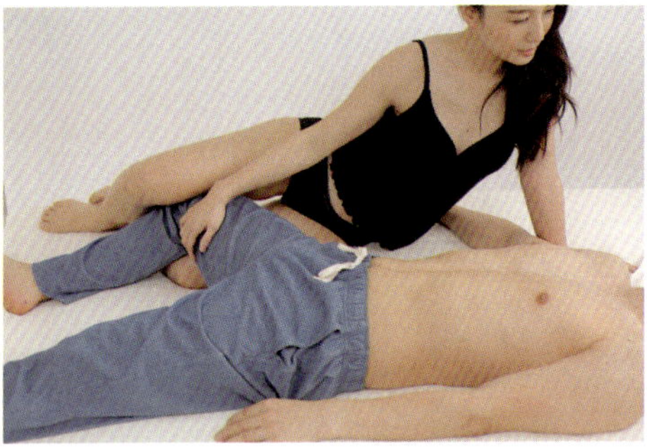

Step 1

在挑逗完比基尼線之後，打開對方的腿，對大腿內側進行輕柔的密著式觸摸。

Step 2

從大腿內側逐漸遊走到鼠蹊部，以密著式觸摸或感官觸摸撫摸……準備完成！

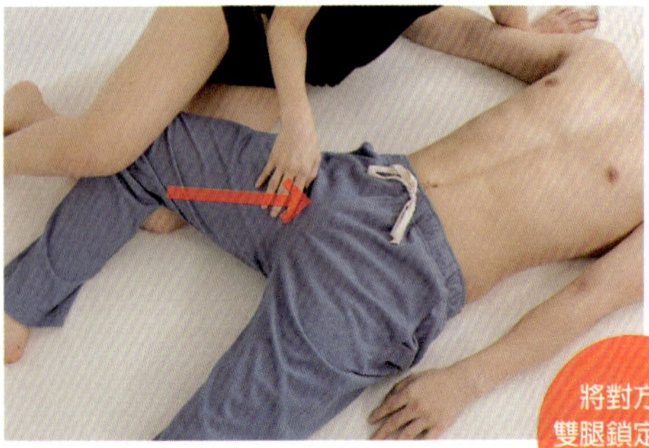

POINT
將對方的雙腿鎖定在你的大腿之間！

難以啓齒的性愛冷知識

男女的性反應差異

你是否知道在性行為中有一種類似於快感波動的存在呢？這可以大致分為四個階段，被稱為「興奮期」、「持續期」、「高潮期」和「消退期」。同時，如左圖所示，這個節奏會因男女而異。

興奮期是透過接觸，例如親吻，而使人興奮。在男性的情況下，生殖器的硬度和大小會開始變化，而女性生殖器也開始變得潤滑。持續期是持續興奮的時期，雙方的呼吸變得急促，女性的陰蒂（即陰核）膨脹，乳頭也保持隆起的狀態。然後是第三階段的高潮期，即達到性高潮的狀態。男性會射精，而女性則表現為子宮和陰道口附近的肌肉收縮，手腳的緊繃，以及痙攣等。最後是消退期。男性在射精後很快就冷卻，而女性則傾向於花費一些時間緩慢地冷靜下來。

此外，從這張表中可以看出，男性傾向於「迅速」和「強烈」，而女性則傾向於「緩慢」和「長時間」。理解這種差異，並去思考彼此的接觸方式是很重要的。上述身體反應僅為舉例，每個人的反應都是獨特的。因此，仔細觀察對方的反應，共同追求令雙方滿意的性愛體驗是很重要的。

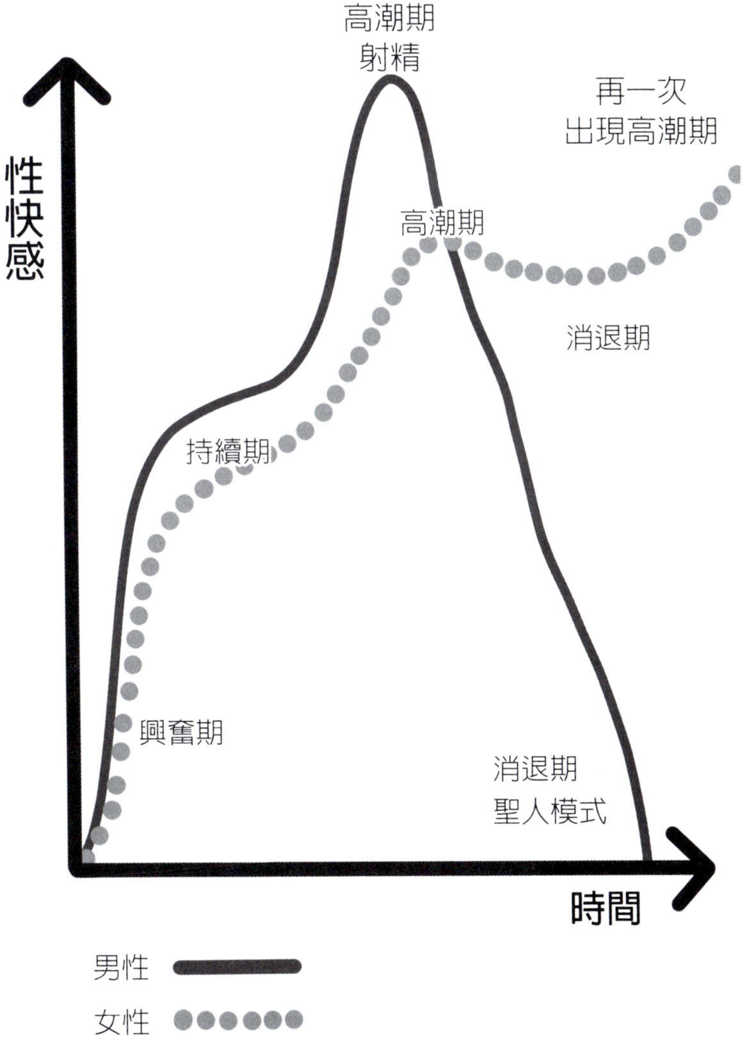

高潮期
射精
再一次
出現高潮期
性快感
高潮期
消退期
持續期
興奮期
消退期
聖人模式
時間
男性
女性

難以啟齒的

關於情趣玩具

被稱為成人玩具的情趣用品，擁有多樣的功能、設計等各種類型。

過去由於其形狀或購買地點有限，使得取得上並不容易。而現在，它們在線上商店和百貨公司中皆有販售，設計也更加時尚。功能也更加豐富，使得找到適合自己的商品變得更容易。

對於不了解有哪些商品，或者希望嘗試的人，我在這裡介紹兩種代表性的商品，希望你們可以嘗試看看這些能提升性生活品質的情趣用品。

<table>
<tr><th></th><th>跳蛋</th><th>按摩棒</th></tr>
<tr><td></td><td>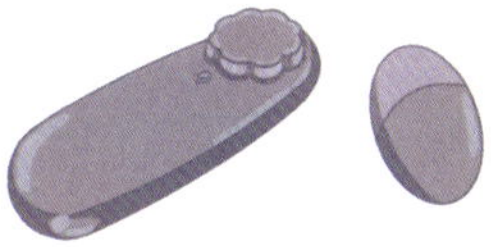</td><td></td></tr>
<tr><td>使用目的</td><td>透過震動來刺激敏感帶</td><td>插入型的情趣用品</td></tr>
<tr><td>使用部位</td><td>全身</td><td>陰蒂、G點、陰道、前列腺等</td></tr>
<tr><td rowspan="3">特徵</td><td>有一些款式是使用乾電池的，便利輕巧，非常適合初學者嘗試。</td><td rowspan="2">有刺激陰蒂的雙頭型、U字型適合情侶使用的按摩棒、適用男性前列腺使用、可以插入陰道自主緊縮並引發震動的女性陰道訓練器、搭載保暖功能的產品，以及可以進行抽插運動的震動器等，有多樣的選擇可供參考。</td></tr>
<tr><td>市場上有各種價格和功能的選擇，包括塑膠製品、柔軟的質地、防水處理方便全面清洗、可充電的高功率產品、唇膏型、陰蒂吸吮型、能與遙控器或APP連接、支援遠端操作等等。</td></tr>
<tr><td>不只是女性生殖器，也可以用在胸部、背部、臀部等身體各個部位。</td><td>一些產品使用醫療級別的矽膠等安全材質，可以放心使用於人體。基本上建議在使用保險套，確保衛生和安全。</td></tr>
<tr><td rowspan="2">選擇方式</td><td colspan="2">找尋兩個人一起使用的用品時，建議一起在線上商店邊看邊挑選，這也會讓彼此安心又能增添情趣。</td></tr>
<tr><td colspan="2">由女性經營的線上商店，其網站設計通常時尚且考慮到包裝及運送的隱密，以確保不被家人察覺。因此，這是一個值得推薦的選擇，能夠在保護隱私的同時享受購物樂趣。</td></tr>
</table>

難以啓齒的

關於保險套

從避孕和預防性傳染病的角度來看，保險套是性行為中的必需品。與情趣用品一樣，過去有些人可能因為保險套的氣味或質地而感到排斥，但近年來推出了各種類型的產品，包括超薄、尺寸選擇多樣、注重潤滑效果等。

然而，對於保險套的材質，可能仍有很多人不太了解。了解各種材質的特點，正確使用保險套才能發揮其效果。應該確認正確的穿戴時機、保存方法、正反面的辨別等使用方法。這樣才能確保在性行為中達到真正安心、安全、愉快的效果。

關於保險套的特性

材質	聚氨酯（Polyurethane）	乳膠	異戊二烯橡膠（isoprene rubber）
薄度	極薄（0.01mm～0.02mm）	極薄～最厚（0.1mm）等多種款式。	0.06mm
伸縮性	×	○	◎
過敏性	無過敏性	對乳膠（Latex）過敏的人不能使用乳膠製的保險套。	無過敏性
特徵	由於材質和薄度的不同，熱傳導率較高。	有豐富的變化／多樣性。	伸縮性高且質地柔軟。
	由於伸縮性較低，因此提供了豐富的尺寸選擇。	伸縮性高，貼合感也較好。	男性穿戴方便。
	有些人可能會感覺到不舒適或粗糙。	由於乳膠的摩擦係數較高，所以當橡膠移位可能會導致性交時的不適感。	著重於柔軟度而不是薄度。

（2020年5月的資料）

關於潤滑劑與潤滑凝膠

你知道潤滑劑有各種不同類型嗎？例如，用於身體表面以享受濕滑感的前戲用潤滑劑、男性自慰時使用用、情侶性交時使用，以及用於解決女性缺乏潤滑的潤滑凝膠等。

雖然一般被統稱為「潤滑劑」，但它們的使用方式和特點是不同的，如果使用不當可能導致傷害到皮膚。藉此機會學習正確的使用方法，找到適合自己的潤滑劑。

關於潤滑劑與潤滑凝膠的不同

	潤滑劑	潤滑凝膠

使用用途	全身按摩／男性自慰等	女性生殖器的保濕／解決潤滑不足的狀況／緩解性交疼痛等
使用情境	當你想要在身體上感受到濕潤的感覺時。	兩個人共用時／使用情趣用品時。
主要成分	水／聚丙烯酸鈉等	水／甘油等
總結	潤滑劑並不適用於黏膜上，因此應避免將其應用於陰道。	
	潤滑凝膠有多種類型，包括水基、矽基、油基等。	
	對於情趣用品和保險套，水基潤滑凝膠的相容性較好。	
	選擇不當可能導致保險套破裂或情趣用品變質，請注意選擇的潤滑劑。	

女性生殖器的構造

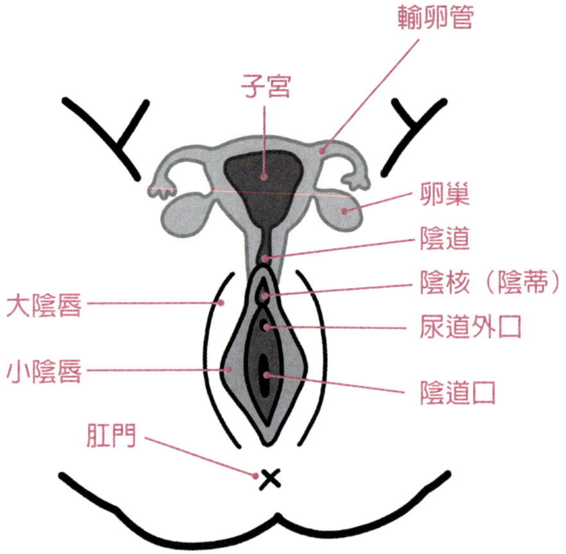

生殖器官對於獲得快感和生殖功能都至關重要。由於很少有機會能夠看到自己的生殖器與別人的差異，因此這也是一個容易產生自卑感的敏感區域。除了對方應該謹慎觸摸外，自己也應該注重日常護理和定期檢查，保持清潔和健康，以實現一個無憂無慮的性生活。

男性生殖器的構造

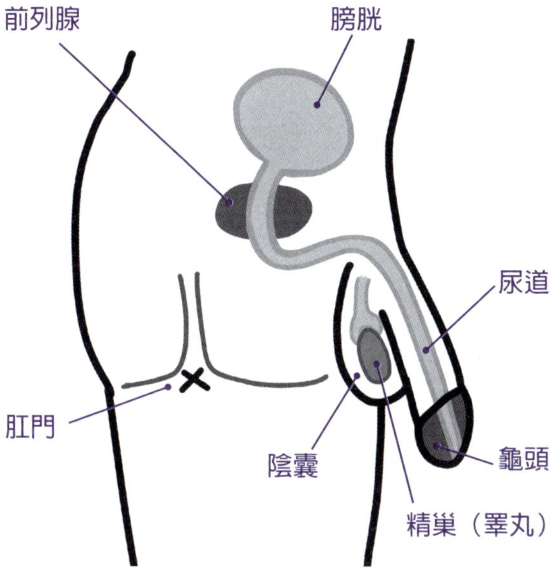

近年來，年輕人性功能障礙等問題變得越來越嚴重。某些調查結果顯示，對於性行為沒有興趣或者不想進行性行為的回答比例也在上升。對於男性的身體而言，射精是一件非常重要的事情。如果有困擾，建議尋求與伴侶溝通或在醫療機構進行諮詢。

男性生殖器的愛撫技巧

手部愛撫

1 擼動

用手握住，上下移動的動作。這是最能提高射精感的愛撫方式。「強烈」、「溫柔」搭配「迅速」、「緩慢」的手法來進行，首先從較為柔和緩慢的方式開始，然後嘗試不同的組合，找出哪種最有感覺。

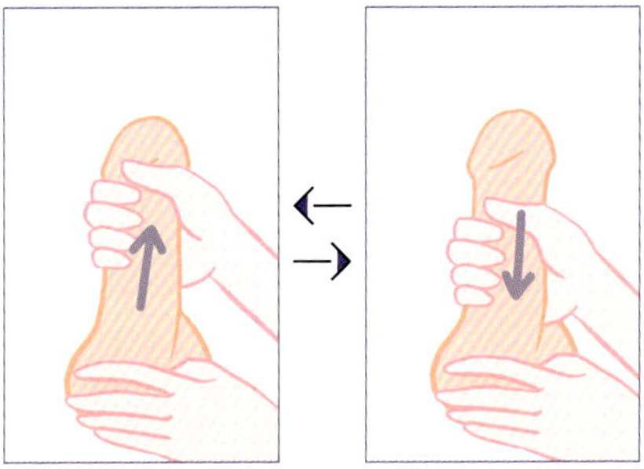

2 8字螺旋

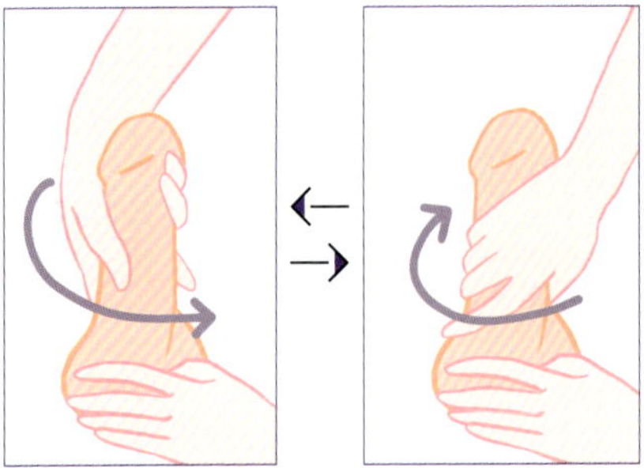

像握手一樣用單手握住。不要用力，要輕柔。另一隻手靠在根部以固定。在上下運動的同時以8字形狀旋轉。當通過冠狀溝時，用無名指挑撥一下，可以提升愉悅感。

OK手法

在勃起的狀態下固定冠狀溝。使用拇指和食指形成OK的手勢，以間距約1公分寬的程度，上下集中摩擦以微妙地刺激冠狀溝。冠狀溝是一個容易被忽視的敏感帶。

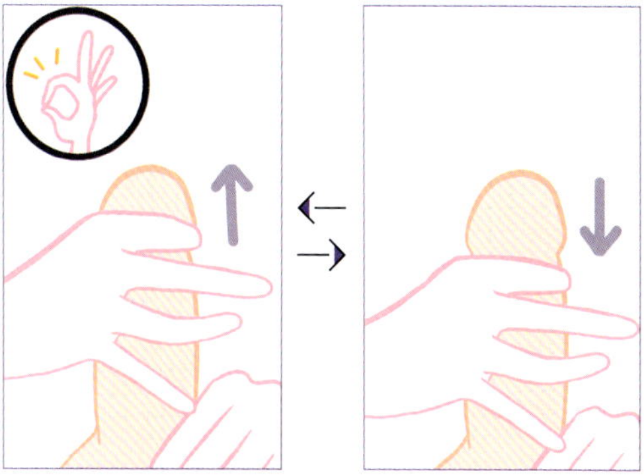

乖寶寶手法

在勃起的狀態下去撫摸龜頭的動作。以手心的正中間置於龜頭頂部，以順時針方向像撫摸小孩子的頭部時會說：「乖寶寶，乖寶寶」般進行。

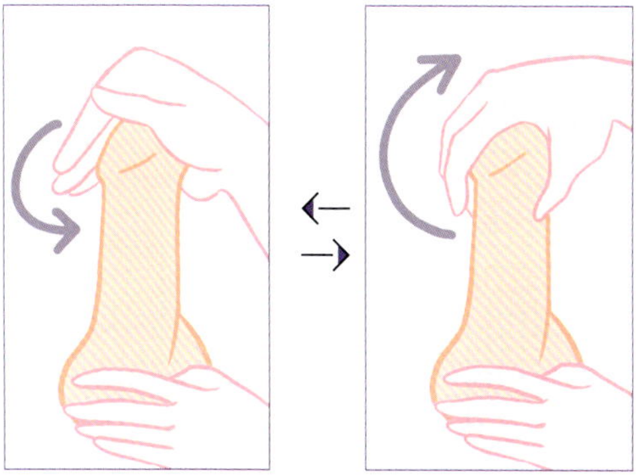

难以啓齒的

男性生殖器的愛撫技巧

口交

1 溫柔親吻

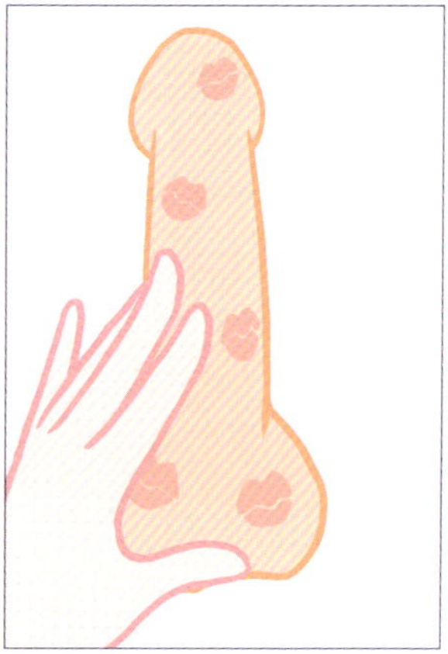

在含入口前，在用手技時對方感到敏感的區域輕柔的用柔軟的嘴唇親吻它。特別是在感覺強烈的裏筋（陰莖底部包皮繫帶部分），從根部往龜頭，一邊親吻一邊遊走。

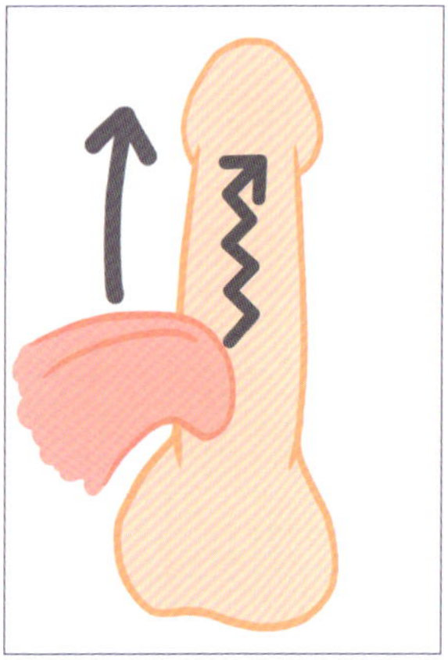

2 棒棒糖式親吻

用舌尖緊貼裏筋，以細微的上下左右的動作。在橫向移動的同時，從根部起，以錯綜複雜的方式往上舔，這種動作帶來的愉悅被形容為一種新的感覺。整個舌頭緊貼裏筋，就像舔食糖果的樣子，慢慢地往上舔。

軟真空吸吮

將舌全面貼附在裏筋上，慢慢地將其含入口中。想像陰道被插入的畫面，讓口中的黏膜溼潤包覆陰莖，緊密貼合，產生一種安心感。

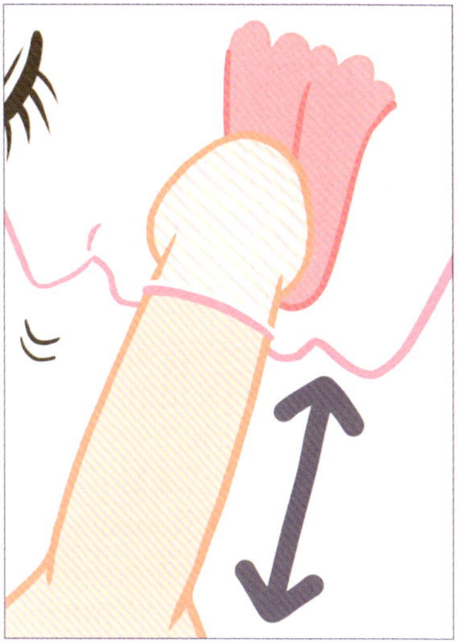

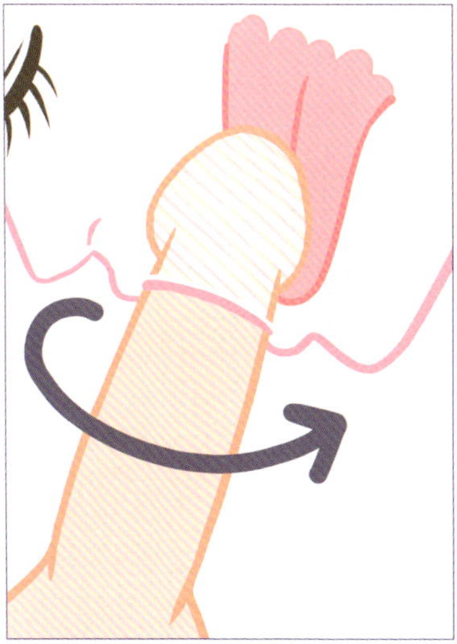

旋轉吸吮

口中含住龜頭，使舌頭緊密貼附。以舌尖環繞自己的牙齦，順時鐘地以螺旋的動作旋轉。

女性生殖器的愛撫技巧

手部愛撫

1

小陰唇滑撫

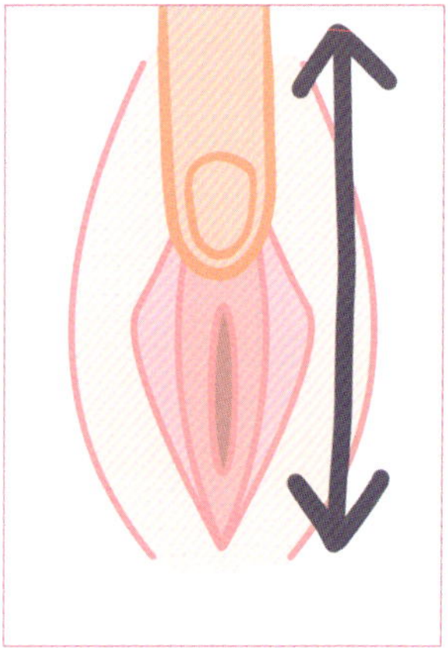

將中指滑入小陰唇的皺褶之間，從陰道口到陰蒂的方向慢慢上下滑動撫摸。手指只觸摸表面，不進入陰道內。透過從陰道口附近流出的愛液讓陰蒂變得滑潤，提高敏感度。

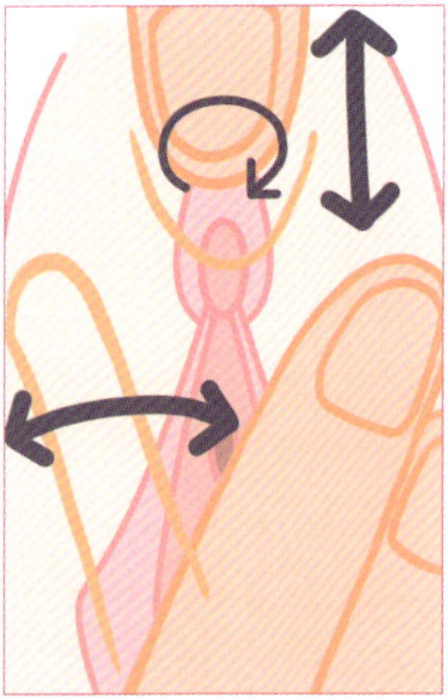

2

陰蒂愛撫

輕柔地撫過陰蒂的包皮，用手指輕輕在潤滑凝膠表面上撫摸。可以嘗試的撫摸方式包括①畫圓②上下③左右，找到對方喜歡的撫摸方式。

陰道放鬆

配合陰道的傾斜度，將中指慢慢插入至第二個指節處。插入後保持靜止，以讓陰道和手指逐漸相容相合。就像旋轉高腳酒杯那樣，將手指左右移動或以小圈方式來放鬆陰道。

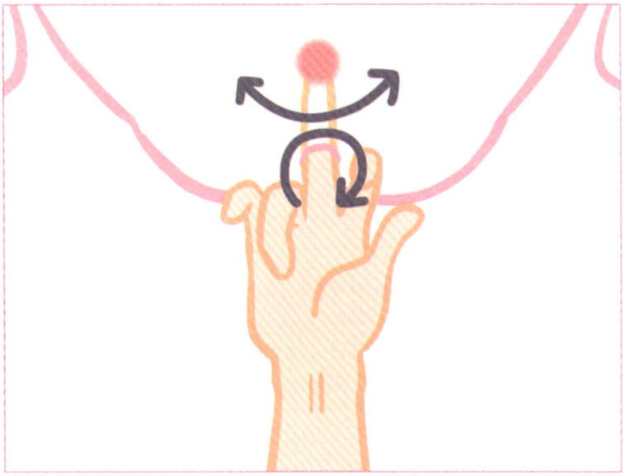

G點愛撫

尋找陰道入口到中指第二指節深處前壁（朝著腹部方向），並且輕輕彎曲第二指節，用指腹輕輕敲擊或施加壓迫震動，或者像畫小圓圈一樣在陰道壁上輕輕磨蹭。

NG!!

不需要過度激烈的動作或插入2根手指。

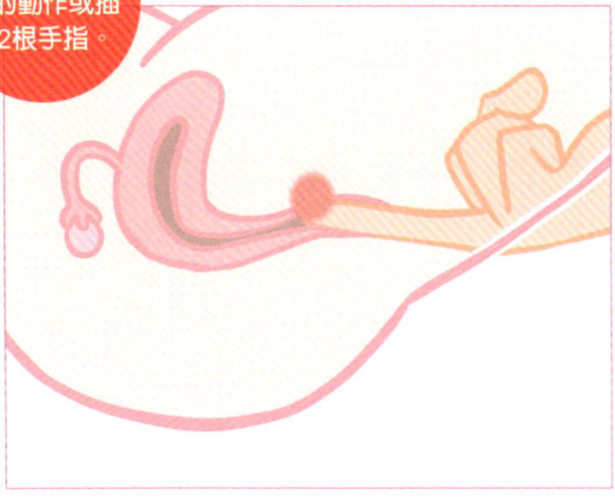

難以啟齒的

女性生殖器的愛撫技巧

口交

1 挑逗之吻

不直接刺激陰蒂，而是先親吻陰唇，進行一些挑逗。將重心放在大陰唇和小陰唇上，用唇輕輕抿住小陰唇。在經過一番挑逗後，再進行口交，挑逗的效果會提高對方的敏感度。

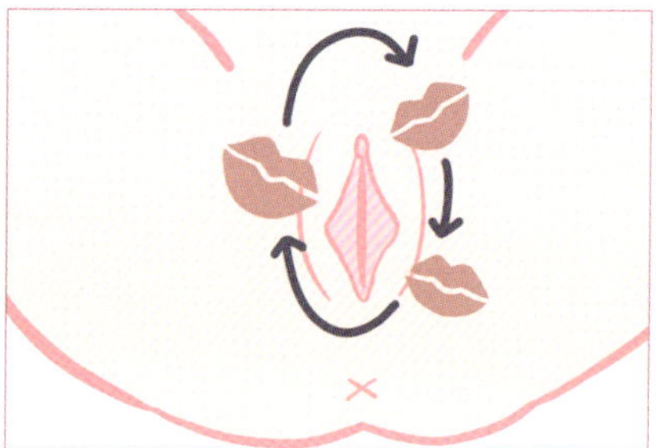

2 上下舔舐陰蒂

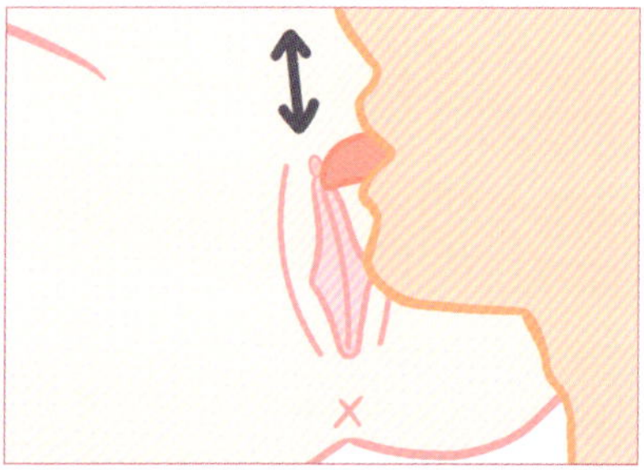

用輕柔的舌頭力度，以輕撫凝膠表面的方式，由下往上輕輕地舔舐陰蒂包皮。避免使用舌尖刺激，因為這可能會造成不適，而是要保持舌頭柔軟的狀態，以柔和的舔舐方式進行。

陰蒂畫圓

用舌尖在陰蒂表面以畫圓的方式輕輕舔舐。可以試著變換舔舐的方式，包括畫大圓、小圓、順時針方向、逆時針方向，以尋找令人愉悅的舔舐方式。

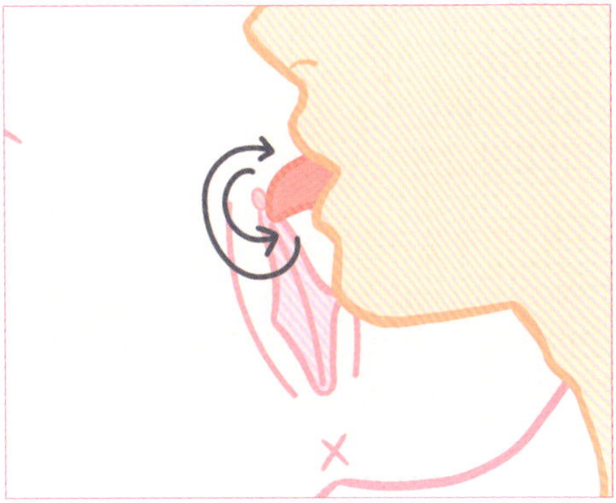

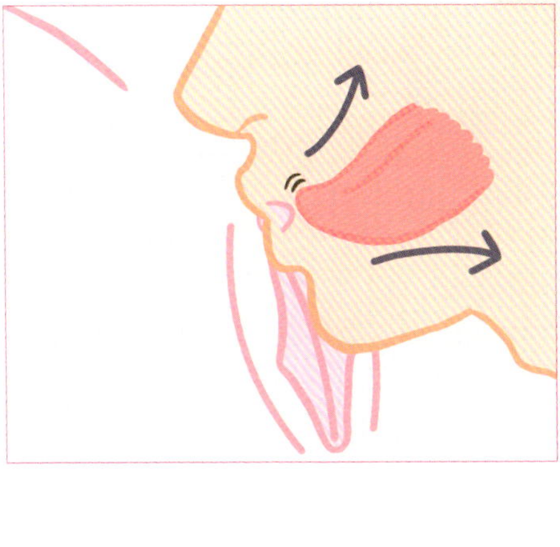

舔吮

將嘴唇貼住陰蒂周圍，輕輕撫起陰蒂包皮並緊貼住。然後，輕柔地吸吮陰蒂，用舌尖在露出的陰蒂上下與畫圓的方式進行舔舐。

男性生殖器的愛撫技巧

手口並用

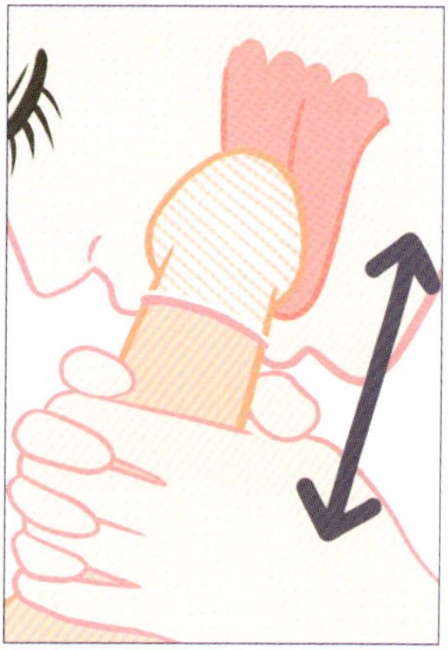

1 旋轉吸吮×雙手包覆

口交的動作包括含住龜頭，使舌頭貼合。在動作上是以順時針方向畫出漩渦般的動作。同時雙手則以上下滑動的方式進行。

2 軟真空吸吮×會陰壓迫震動

含住陰莖一邊進行軟真空吸吮，一邊上下移動。同時，空出一隻手，將中指放在會陰部，以輕輕壓迫震動方式刺激體內的前列腺。

手口並用

1 陰蒂愛撫+G點愛撫

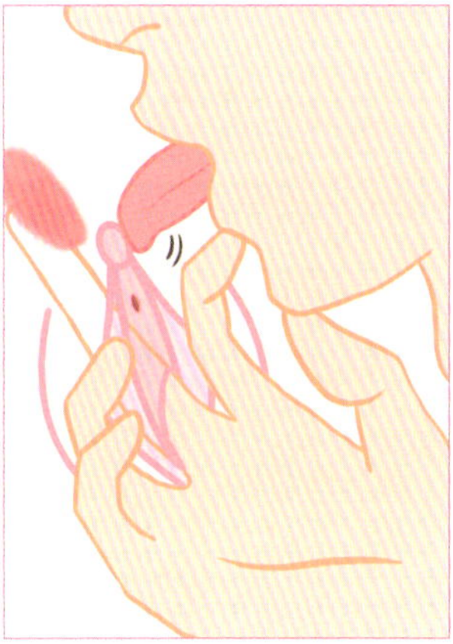

用單手的中指貼住G點進行壓迫震動，給予輕微刺激。
柔和地吸吮陰蒂，以舌尖用上下與畫圓的方式輕柔的舔舐。

2 乳頭+陰蒂愛撫

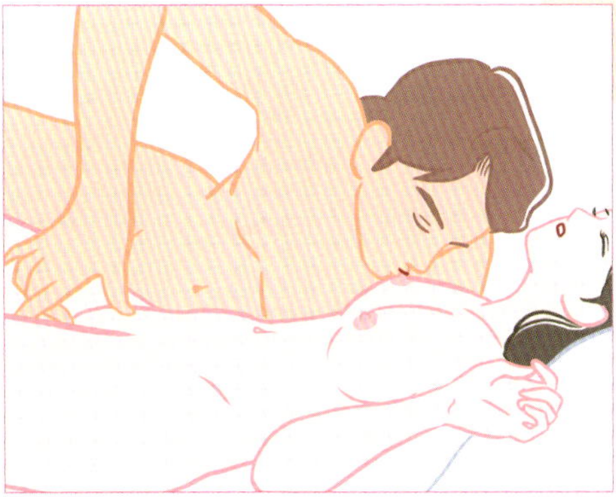

以抱睡的位置親吻胸部。與此同時，使用單手以按摩的方式進行陰蒂的愛撫。手的動作可以上下移動、畫圓、左右磨蹭，試著尋找令人愉悅的觸摸方式。

挖耳朵的意外效果？

聊色是可以被鍛鍊的

在性行為時想要告訴對方「這裡可能不太對」「這樣不舒服……」，但卻不知道該如何表達，這樣的情況是否曾經發生過呢？

要讓對方了解你真正想要的，最好的方式是透過具體的回饋，就像在實況轉播一樣。「這樣很好」、「這樣更舒適」等方式可以傳達你的感受。

因此，我們推薦一種簡單而具體的會話練習方法，也就是「挖耳朵」。你可以在用棉花棒輕輕撫摸耳朵入口的同時，進行細心呵護的對話，例如「痛嗎？」、「沒事吧？」。把這當作一種類似性行為的模擬，進行對話的互動。「這裡有點痛」、「感覺很舒適」、「正好」、「再溫柔一點」、「真是天才！」試著直接表達舒服與否的感受。藉由這麼簡單的方法就能深化性行為中的溝通。

用膝枕的方式來進行挖耳朵，同時談論一天所發生的事情，這樣不僅能夠舒緩身體，還能打開心房。讓彼此都能在接下來的性愛之中被這種溫柔感所包圍。

難以啓齒的煩惱……。

你是否已經打算自暴自棄了呢？

用疲累來當藉口

「因為工作太累」、「明天要早起，想早點睡」等，由於日常疲勞而錯過了性愛的時機，當注意到時，已經好幾個月沒有發生了……這種情況就是所謂的用疲累來當藉口的性慾不振。

打從一開始

兩個人現在的狀態

只是因為日常的疲勞，
使得心情變得緊繃，
並不代表討厭做愛。

兩個人今後該怎麼辦？

好好休息、放鬆

技巧 建議方法

兩個人一起洗鴛鴦浴

幫彼此洗背；幫彼此稍微按摩一下肩膀和腰部等方式。這種互動可以讓彼此的親密度和溫柔死灰復燃！

讓對方躺在腿上，幫他挖耳朵

讓對方躺在腿上是一種甜蜜和放鬆的象徵。而且，耳朵也被稱為第二性器。在清潔耳朵的同時，疲勞也可能得到一些舒緩。

就是性慾不振

性愛毫無新意

性行為的時機、地點和內容總是一成不變。

因為缺乏創意的單調性行為而使性趣消減。

打從一開始

兩個人現在的狀態

由於溝通不足，
而使彼此的滿足度下降。

↓

兩個人今後該怎麼辦？

用言語或文字、影像
來表達彼此的期望。

技巧 建議方法

自白 愛撫遊戲

透過刻意將自己想做或感興趣的事情直接對著對方做，藉以利用這種情趣遊戲來表達自己的期望。這種互動行為本身也會產生新鮮感。

多看常有火熱床戲的國外影劇

透過觀賞這些影劇並表達對其中某些場景的感想，可以輕鬆地傳達自己的期望，並且更容易為性生活帶來變化。

生活不同步

工作加班、出差、社交活動，以及育兒等種種理由，以至於彼此無法同時上床休息，造成睡眠時間上的差異等不同的原因而生活步調無法一致時，這就是所謂的「生活不同步」。

兩個人現在的狀態

原本只是時間不同步，
但如果這種情況持續下去，
感情就會漸漸變淡。

兩個人今後該怎麼辦？

當然是要同步彼此的時間！
試著討論一起出去玩或約會的計畫吧！

技巧 建議方法

就算不做愛也OK

即使時間搭不上，也可以繼續保持親密感，比如手牽手入睡，擁抱或親吻等。重要的是持續保持肌膚接觸。

空出兩個人獨處的時間

如果雙方都在工作，可以考慮休有薪假或半天假。如果有孩子，也可以考慮請父母或兄弟姐妹照顧他們，然後一起去旅行，比如住在帶私人客房的溫泉旅館等，都是OK的。

嫌麻煩

認為性行為前的準備和後續清理工作，比如洗澡或整理床鋪，都可能會覺得做愛很麻煩。

打從一開始

兩個人現在的狀態

你可能還沉浸在過去還是戀人狀態時，美好的性生活中，而難以自拔。

兩個人今後該怎麼辦？

只要彼此夠努力，即使是平淡的性生活也可能會是一種好事。

技巧 建議方法

在不脫衣或半著衣的狀態下做愛

女性穿著連身睡衣；男性穿著內褲或睡袍，就可以簡化脫衣的過程，做完也可以直接躺下入睡！

洗澡恩愛

確實，性行為不僅限於床上進行。為了增添新鮮感，一起洗澡並互相清洗彼此的身體，以激發情趣也會是一個好點子！

昇華成友誼關係

平時我們可以進行對話，關係也很親密。但隨著時間的流逝、相處時間的增加，我們可能會失去將對方視為異性的感覺，這就是所謂的「友誼昇華」。

兩個人現在的狀態

反正彼此相處得很融洽，性生活……就算了吧。

兩個人今後該怎麼辦？

請放下羞恥心，聊色聊起來！

技巧 建議方法

就算寫信或寄EMAIL都好，要確實傳達自己的心意

隨著相處時間的越來越久，表達愛情的程度往往會變得淡薄。因此，為了解決這種情況，重要的是進行溝通，通過交談、EMAIL、手寫信件等方式再次表達情感。

試看看LOVE按摩

對於處於友誼昇華的狀態下，是不容易找到機會的。在這種情況下，可以嘗試提出「我來幫你按摩！」的方式，來試試「LOVE按摩」。

就是性慾不振

產後性冷感

懷孕和生產後，由於生活重心轉移到了孩子身上，

許多人都容易陷入產後性冷感的狀態。

打從一開始

兩個人現在的狀態

**許多因素可能導致性冷感，如時機、疲憊等。
雙方需要彼此探索和理解。**

兩個人今後該怎麼辦？

**從夫妻關係轉變為家人關係的過程中，
現在最重要的是不要著急，而是互相依偎擁抱。**

技巧 建議方法

透過「LOVE按摩」來放鬆

育兒和工作使得雙方身心都處於尚未適應的狀態下，這會是一個令人疲倦的時期。可以請較容易調整時間的一方進行調整，每天晚上哪怕只有5分鐘，也可以進行LOVE按摩來撫慰彼此。

尊重女性的感受

懷孕、分娩和哺乳期間由於激素平衡的變化，性慾可能會大幅下降。直到情況穩定下來之前，夫妻在家務和育兒的事應該共同合作，並以媽媽的需要為重。

這種煩惱!!

女性：生殖器自卑情結

（異味、黑色素沉澱）

原因

（氣味）未處理的私密處毛髮／洗不乾淨／陰道乾燥／性傳染疾病等（黑色素沉澱）內衣過緊／摩擦／壓迫等。

技巧 建議的解決方法

消除異味

處理私密處毛髮，可以使用專用的潔膚劑，要注意pH值平衡並仔細清洗乾淨。如果擔心分泌物，建議尋求專業醫生的診斷。

黑色素沉澱的保養

減少束縛和避免摩擦，可以培養以下習慣：睡覺時不穿內衣、不在上廁所時用力擦拭、沐浴後使用專用保濕霜等。

※譯註：VIO意指三個部位的私密處除毛。V代表著「Vulva」，即女性外陰部比基尼位置；I代表「Inner thigh」，即陰唇兩側；O代表「Outer buttocks」，即臀部中間部位。這三個部位的組合就形成了VIO一詞。

其他解決方法!!

更換內衣褲…光是更換內衣褲就能達到效果。試著換成觸感舒適的絲綢或有機棉料，關於臀部的黑色素沉澱問題，選擇丁字褲或無痕內褲，減少對皮膚的束縛就會有一定的效果。

這種煩惱!!

女性：性交疼痛

原因

（乾燥）缺乏潤滑／外陰部的拉扯／陰莖過大／男性技巧不足／婦科疾病等。

技巧　建議的解決方法

使用潤滑凝膠

性交疼痛最常見的原因之一為潤滑不足。其理由雖然因人而異，但可以先嘗試透過潤滑凝膠緩解疼痛。

緩慢插入的正常體位

無論如何，緩慢的插入是很重要的。請確認有沒有拉扯到小陰唇或陰毛，並請不要急著要對方確認是否有疼痛感。

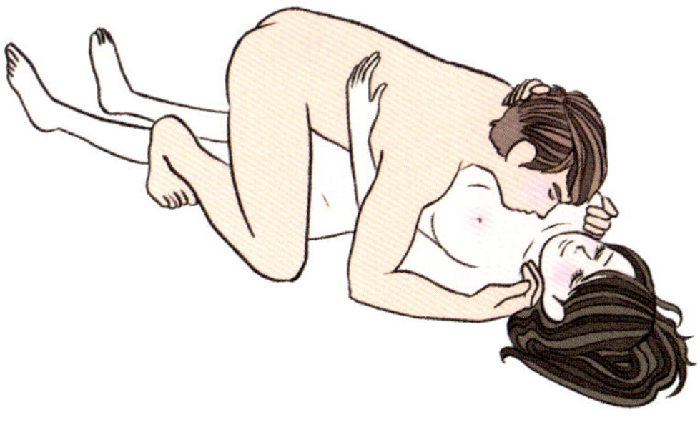

其他解決方法!!

其他解決方法!!…考慮到插入的角度和生殖器的形狀也可能是疼痛的原因之一，請在每個體位中確認是否插入過深。此外，將靠墊放在臀部下方等位置以改變角度也是OK的！

這種煩惱!!

女性：做愛沒有快感

（陰蒂高潮）

原因

不了解自己的敏感帶／男性的技巧不足／骨盆底肌鬆弛等。

技巧 建議的解決方法

嘗試進行自慰（手淫）

對於感受不到性愉悅但不感到疼痛的人來說，首先建議嘗試自慰來探索自己的敏感帶。

使用情趣用品

透過使用情趣用品（跳蛋）來刺激容易達到高潮的陰蒂。即使在性愛中感受不到快感，使用情趣用品也能讓自己按照自己的節奏去感受快感。

其他解決方法!!

性幻想…是指對色情的想像。想像與理想的伴侶做愛或想要嘗試的情境，讓大腦興奮，進而提高敏感度。

這種煩惱!!

女性：不懂做愛哪裡舒服了？

（陰道高潮）

原因

不了解自己的敏感帶／
骨盤底肌鬆弛／
愛撫不足／
插入時間過短等。

別因為

技巧　建議的解決方法

鍛鍊骨盤底肌
（陰道訓練）

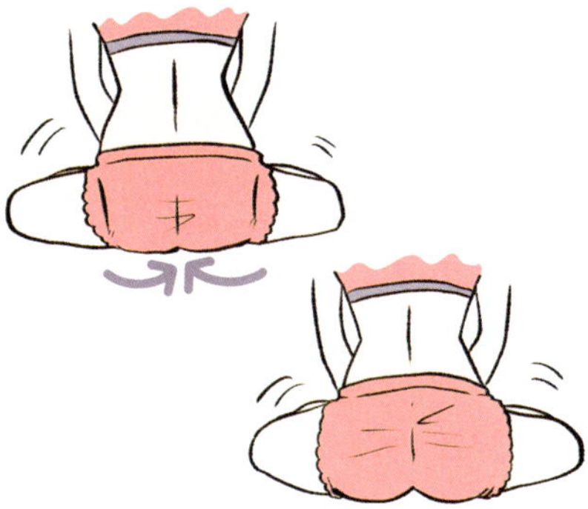

骨盤底部肌肉是支撐女性器官的重要肌肉群。當這些肌肉群的肌肉量增加時，性功能會提高，且變得容易達到高潮。

雙腿伸直正常位

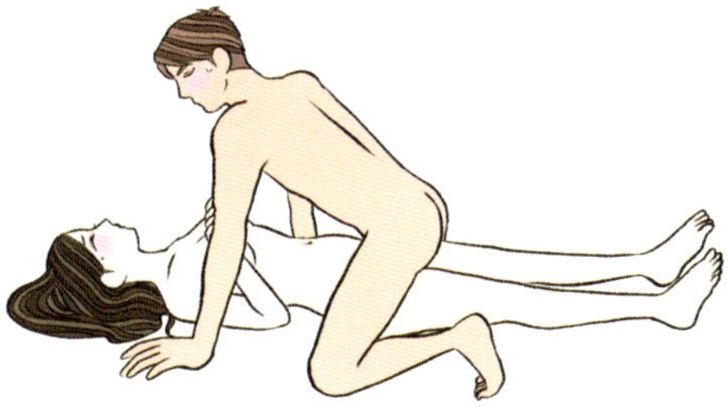

有些人可以透過自慰獲得高潮，而其中有些人會在高潮時雙腿伸直。對於這樣的人來說，建議可以使用雙腿伸直的正常體位或站立後入式。

其他解決方法!!

使用情趣用品…使用按摩棒，按照自己的節奏去探索陰道內的敏感帶，一邊找尋舒服的角度和部位，一邊給予刺激。

男性：延遲射精

（性交射精障礙）

原因

不當的自慰等。

技巧 建議的解決方法

女方的愛撫輔助

在射精前由女方對你進行愛撫，目標是在陰道內射精。由於目標是在陰道內射精，因此插入時間可能會縮短。

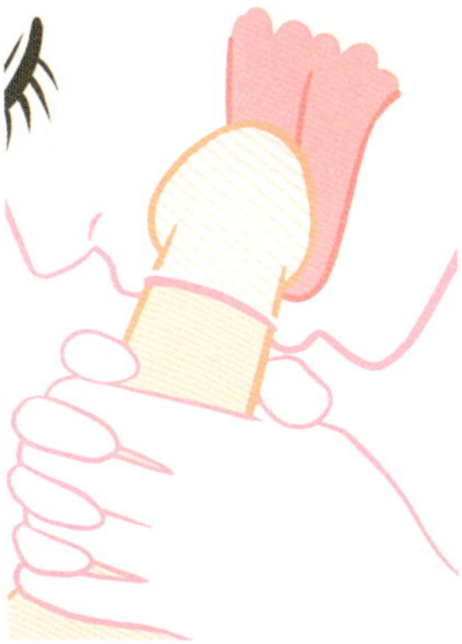

輕柔的自慰

為了避免在插入陰道時有刺激不足的感覺，可以進行「自慰訓練」，降低自慰的（握力）強度，讓陰莖即使在較弱的刺激下也可以達到射精。

其他解決方法!!

善用男性訓練杯（飛機杯）…有些產品是醫生推薦的，專門用於逐步適應較弱的刺激進行訓練。利用這些產品也是一個不錯的建議。

這種煩惱!!

男性：早洩

原因

對刺激過度敏感／
容易興奮／
焦慮急躁等。

技巧 建議的解決方法

自慰訓練

快要射精的時候，可以暫停一下。當冷靜下來後，再繼續進行，如果再次感到快射精時，就再次停止。這樣反覆進行3次，可以控制射精的時機。

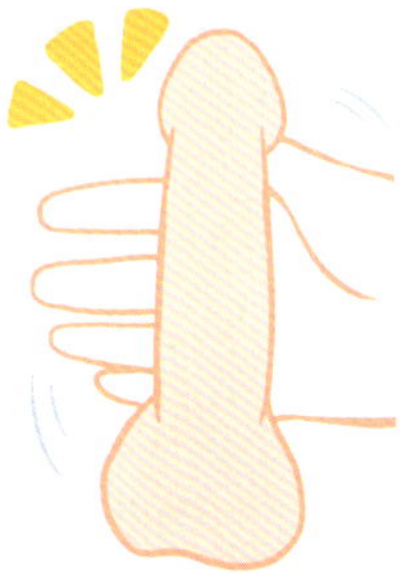

背部伸直，深呼吸，進行正常位

早洩的原因之一是心理因素。通過伸直背部並進行深呼吸，可以減輕焦慮，減少不安感。改變體位也是一種方法。

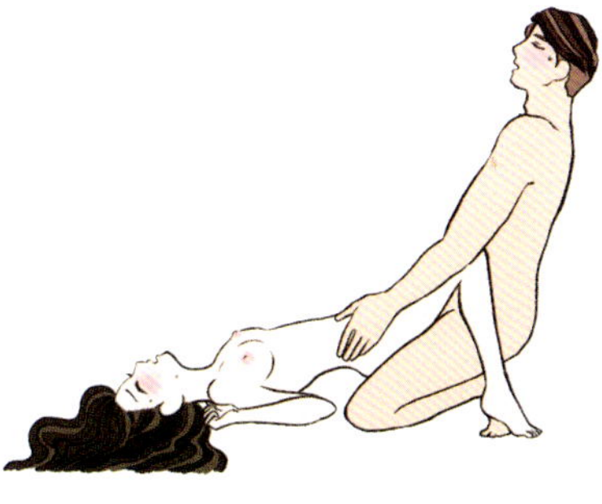

其他解決方法!!

善用男性訓練杯（飛機杯）…有些產品是醫生推薦的，專門用於逐步適應較弱的刺激進行訓練。利用這些產品也是一個不錯的建議。

男性：勃起功能障礙

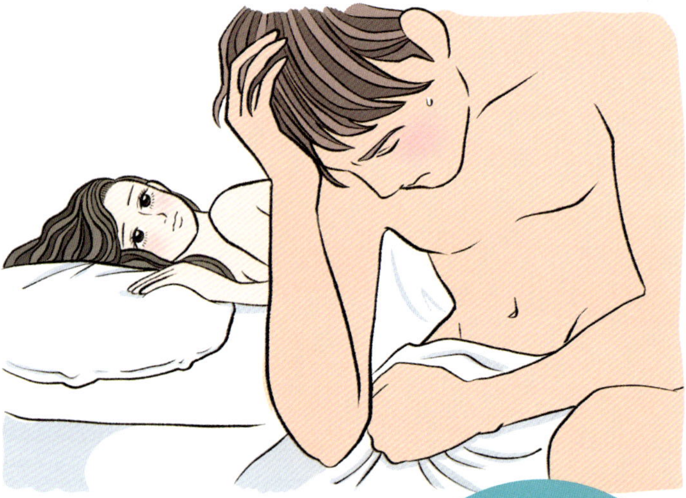

原因

緊張、焦躁／

擔心自己的表現等。

技巧 建議的解決方法

放鬆&多溝通

焦躁是不可取的。可以透過相互細心愛撫，並在過程中加入休憩片刻等方式來改善。同時，事先與伴侶分享目前的情況也是很重要的。

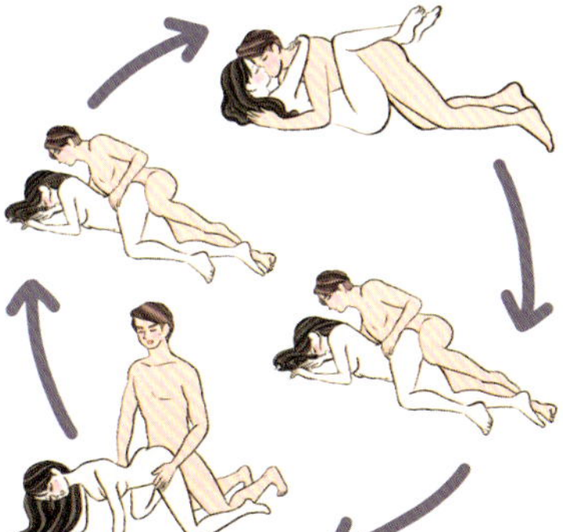

在插入的狀態下改變體位

有時因改變體位而抽出陰莖時可能會導致勃起消退。因此，建議從正常位開始，然後直接換到側位或背後位等輕易做到的體位動作，並避免無謂的抽出。

其他解決方法!!

專科醫生的處方…雖然可能會感到尷尬，但尋求專科醫生的診斷並諮詢勃起功能障礙（ED）藥物的處方也是一個選擇。

這種煩惱!!

男女：太久沒做愛

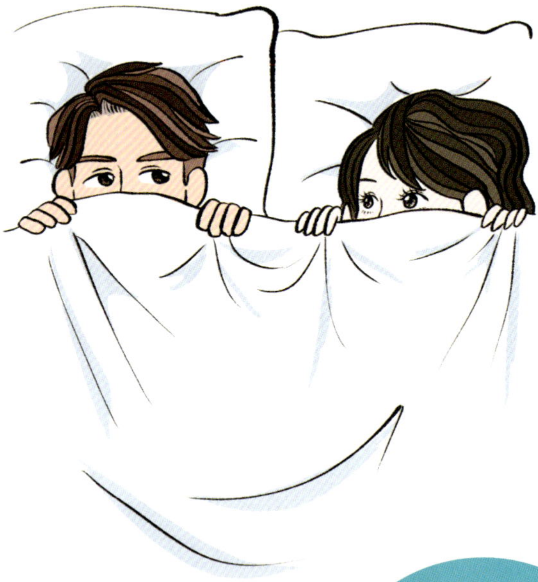

原因

用疲累當藉口／
生活不同步／
產後性冷感等。

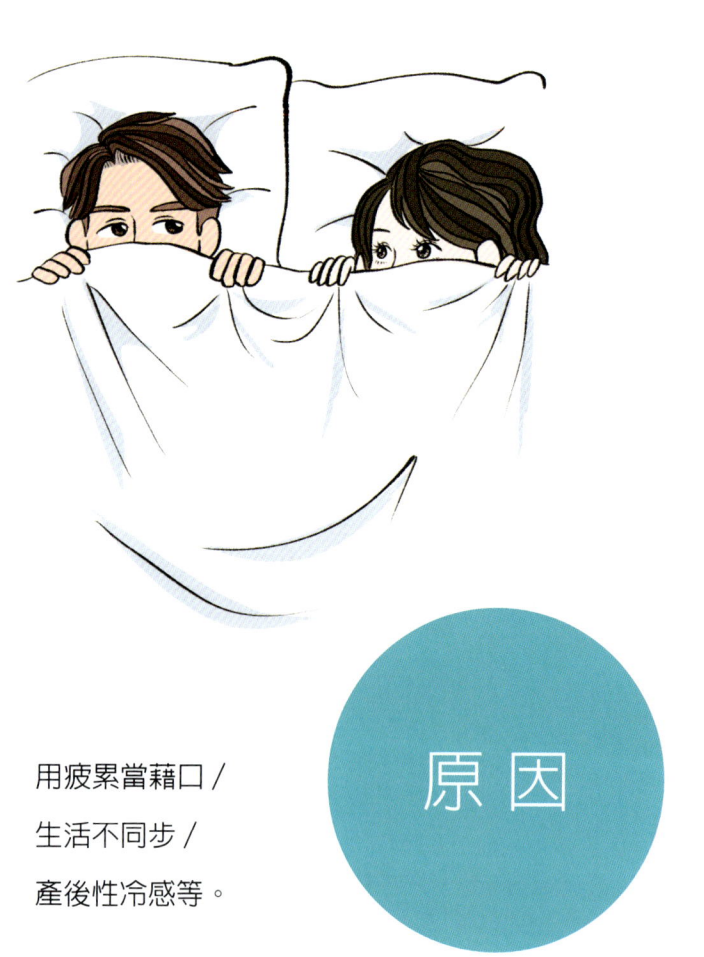

別因為

技巧 建議的解決方法

細心充足的前戲（放鬆陰道）

久違的性愛可能導致雙方心理和身體上的準備不足。因此，為了不讓身心都變得僵硬緊繃，前戲應該進行得細心一些，不要著急。

回憶彼此的契合，進行正常位

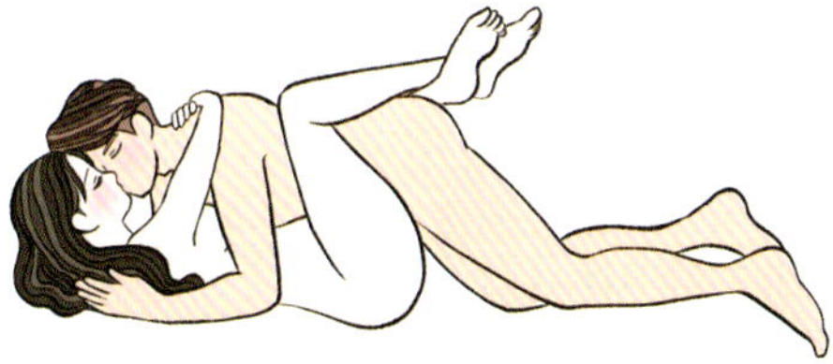

一旦插入，不要立即移動，給彼此一些時間去回憶起彼此的契合感，這也是一種重要的意義。擁抱對方，表達愛意，這樣就很好。

其他解決方法!!

使用潤滑凝膠…久違的性愛可能會有潤滑不足的狀況發生。此時請嘗試使用潤滑凝膠。

擁有LOVE按摩的日子

感謝你閱讀到最後。我在寫這本書時，衷心希望閱讀本書的你們能夠「讓性愛更加愉快充實！」你現在感覺如何呢？你和伴侶實踐了LOVE按摩了嗎？

二〇一八年，我因腦中風而臥床養病。在充滿不安的日子裡，我將家人和朋友來探望時握著我的溫暖之手，作為克服黯淡臥病生活的明燈。經過這段經歷，我感受到與重要的人溫柔觸摸、心滿意足的感覺，這也直接幫助我克服孤獨和困難。

在進行LOVE按摩時，感受到這些是很重要的事情。

在觸摸對方之前，首先要讓自己充滿幸福感。對自己和對方都要重視呵護。現在，要記得兩人共度的時間是非常珍貴的。

我要感謝日本文藝社的菊原先生，在企畫階段，花了一年多時間與我同行這個歷程。感謝他給予了我們不同角度來思考LOVE按摩的機會，真的感激不盡。也感謝參與拍攝的模特兒古川伊織小姐、北野翔先生，以及攝影師清水先生、化妝師藤本小姐、設計師和插畫家。還要由衷地感謝我親愛的丈夫和貓。希望讀者們都能夠透過LOVE按摩，讓每一天的生活都充滿喜悅和安寧！

OliviA

參考文獻

《相互愛撫　愛的交流（ふれあい　愛のコミュニケーション）》（德茲蒙德．莫里斯博士著、石川弘義譯、平凡社出版）

《圖解性治療指南（図解セックス・セラピー・マニュアル）》（海倫．辛格．卡普蘭〔Helen Singer Kaplan〕著、阿部輝夫監譯、星和書店出版）

《性功能不全的諮詢與治療　性治療入門（性機能不全のカウンセリングから治療まで　セックス・セラピー入門）》（日本性科學會編輯、金原出版出版）

《來自瑞典的究極療癒術　觸摸照顧入門 第3版（スウェーデン生まれの究極の癒やし術　タクティール®ケア入門　第3版）》（觸摸照顧普及協會（タクティールケア普及を考える会）編著、日經BPConsulting〔日経BPコンサルティング〕出版）

《撫觸療法的康復力量（人は皮膚から癒される）》（山口創著、草思社出版）

《圖解從大腦消除壓力的肌膚觸摸療法（図解脳からストレスが消える肌セラピー）》（山口創著、青春出版社出版）

這些書籍和網站提供了豐富的參考資料。

關於LOVE按摩課程

OliviA

性愛是心靈與身體深度連結、
合而為一的最佳交流方式。
OliviA 提倡讓人生更加豐富的肌膚觸摸交流。

從嬰兒到老年人，無論男女老少都會喜愛的肌膚觸摸在愛情生活（性生活）中也是核心的一部分。LOVE按摩的魅力在於，它不僅限於戀人和家人，還可以讓你與周圍的每個人一起體驗「觸摸之愛」。你可以通過OliviA直接指導的課程學習並實踐增加表達愛情方式的LOVE按摩。

在LOVE按摩課程中，我見證了許多參加者的生活出現了戲劇性的改善。他們說：「我們現在能夠談論性生活了。」、「我們更深地愛著彼此。」、「他摸我的方式變了！」、「我被求婚了。」許多人的生活都因LOVE按摩而改變。

我們將用心且耐心地講解，不僅僅是讓你覺得「參加課程是值得的」，而是讓你感受「對於愛的觀念完全改變了」的課程。

讓我們學習終身受用的技能，讓你的愛情生活充滿愛意吧！

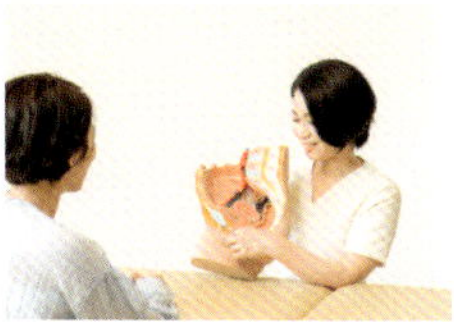

http://olivia-catmint.com/

國家圖書館出版品預行編目（CIP）資料

愛撫按摩指南：增加親密度和性慾的祕訣，讓你擁有美好性愛！ / OliviA 著 ; 劉又菘譯. -- 初版. -- 臺中市 : 晨星出版有限公司, 2024.11
面；　公分. --（健康sex系列；04）
譯自：セックスが本当に気持ち良くなるLOVEもみ
ISBN 978-626-320-916-9（平裝）

1.CST: 性知識

429.1　　113011221

健康sex系列 04

愛撫按摩指南：

增加親密度和性慾的祕訣，讓你擁有美好性愛！
セックスが本当に気持ち良くなるLOVEもみ

作者 OliviA
譯者 劉又菘
主編 莊雅琦
編輯 張雅棋
校對 張雅棋、林宛靜
網路編輯 林宛靜
美術排版 曾麗香
封面設計 葉馥儀

填回函，送 Ecoupon

創辦人 陳銘民
發行所 晨星出版有限公司
407台中市西屯區工業30路1號1樓
TEL:（04）23595820　FAX:（04）23550581
E-mail:service@morningstar.com.tw
https://www.morningstar.com.tw
行政院新聞局局版台業字第2500號
法律顧問 陳思成律師
初版 西元2024年11月01日

讀者服務專線 TEL:（02）23672044 /（04）23595819#212
讀者傳真專線 FAX:（02）23635741 /（04）23595493
讀者專用信箱 service@morningstar.com.tw
網路書店 https://www.morningstar.com.tw
郵政劃撥 15060393（知己圖書股份有限公司）

印刷 上好印刷股份有限公司

定價390元

ISBN 978-626-320-916-9
SEX GA HONTO NI KIMOCHIYOKUNARU LOVE MOMI